U0181100

国家出版基金资助项目
"十三五"国家重点出版物出版规划项目
先进制造理论研究与工程技术系列

机器人先进技术研究与应用系列

航天器表面附着巡游机器人系统

Patrol Robot on the Surface of Spacecraft

李 龙 侯绪研 陈 涛 林杨乔 编著

哈爾濱工業大學出版社
HARBIN INSTITUTE OF TECHNOLOGY PRESS

内 容 简 介

积极发展航空航天技术是当前世界各国的重要战略,其中,在轨操控技术尤其是非合作目标航天器的在轨操控技术,是该领域中一项极具前瞻性和挑战性的课题。本书从空间在轨装配大型、超大型结构出发,开展了仿生结构设计及相关研究等工作,介绍了可用于机器人在空间环境黏附爬行的干性黏附阵列结构,并利用 EDEM 离散元软件和 ADAMS 软件,从理论和仿真的角度验证空间失重环境下,巡游机器人在航天器表面黏附爬行过程的有效性。

本书适用于航空航天及其相关专业的高校师生和研究人员。

图书在版编目(CIP)数据

航天器表面附着巡游机器人系统/李龙等编著. —
哈尔滨:哈尔滨工业大学出版社,2022.9
 (机器人先进技术研究与应用系列)
 ISBN 978 - 7 - 5603 - 9303 - 2

Ⅰ.①航… Ⅱ.①李… Ⅲ.①航天器-表面-附着性
-空间机器人 Ⅳ.①TP242.4

中国版本图书馆 CIP 数据核字(2021)第 014045 号

策划编辑 王桂芝 苗金英
责任编辑 李长波 王会丽 张 荣
出版发行 哈尔滨工业大学出版社
社 址 哈尔滨市南岗区复华四道街 10 号 邮编 150006
传 真 0451—86414749
网 址 http://hitpress.hit.edu.cn
印 刷 辽宁新华印务有限公司
开 本 720 mm×1 000 mm 1/16 印张 14 字数 274 千字
版 次 2022 年 9 月第 1 版 2022 年 9 月第 1 次印刷
书 号 ISBN 978 - 7 - 5603 - 9303 - 2
定 价 86.00 元

国家出版基金资助项目

机器人先进技术研究与应用系列

编审委员会

序

　　机器人技术是涉及机械电子、驱动、传感、控制、通信和计算机等学科的综合性高新技术,是机、电、软一体化研发制造的典型代表。随着科学技术的发展,机器人的智能水平越来越高,由此推动了机器人产业的快速发展。目前,机器人已经广泛应用于汽车及汽车零部件制造业、机械加工行业、电子电气行业、医疗卫生行业、橡胶及塑料行业、食品行业、物流和制造业等诸多领域,同时也越来越多地应用于航天、军事、公共服务、极端及特种环境下。机器人的研发、制造、应用是衡量一个国家科技创新和高端制造业水平的重要标志,是推进传统产业改造升级和结构调整的重要支撑。

　　《中国制造 2025》已把机器人列为十大重点领域之一,强调要积极研发新产品,促进机器人标准化、模块化发展,扩大市场应用;要突破机器人本体、减速器、伺服电机、控制器、传感器与驱动器等关键零部件及系统集成设计制造等技术瓶颈。2014 年 6 月 9 日,习近平总书记在两院院士大会上对机器人发展前景进行了预测和肯定,他指出:我国将成为全球最大的机器人市场,我们不仅要把我国机器人水平提高上去,而且要尽可能多地占领市场。习总书记的讲话极大地激励了广大工程技术人员研发机器人的热情,预示着我国将掀起机器人技术创新发展的新一轮浪潮。

　　随着我国人口红利的消失,以及用工成本的提高,企业对自动化升级的需求越来越迫切,"机器换人"的计划正在大面积推广,目前我国已经成为世界年采购机器人数量最多的国家,更是成为全球最大的机器人市场。哈尔滨工业大学出版社出版的"机器人先进技术研究与应用系列"图书,总结、分析了国内外机器人技术的最新研究成果和发展趋势，可以很好地满足机器人技术开发科研人员的需求。

　　"机器人先进技术研究与应用系列"图书主要基于哈尔滨工业大学等高校在机器人技术领域的研究成果撰写而成。系列图书的许多作者为国内机器人研究领域的知名专家和学者，本着"立足基础，注重实践应用；科学统筹，突出创新特色"的原则，不仅注重机器人相关基础理论的系统阐述，而且更加突出机器人前沿技术的研究和总结。本系列图书重点涉及空间机器人技术、工业机器人技术、智能服务机器人技术、医疗机器人技术、特种机器人技术、机器人自动化装备、智能机器人人机交互技术、微纳机器人技术等方向，既可作为机器人技术研发人员的技术参考书，也可作为机器人相关专业学生的教材和教学参考书。

　　相信本系列图书的出版，必将对我国机器人技术领域研发人才的培养和机器人技术的快速发展起到积极的推动作用。

2020 年 9 月

 **前 言**

　　本书致力于空间非合作目标的在轨操控任务研究,从基础理论、数值计算、建模仿真和实验验证等方面对空间爬行机器人开展研究。空间爬行机器人采用仿生附着结构在目标航天器表面爬行,便于主动航天器执行故障目标维修精细操作、废弃目标移除、空间非合作目标操作等多个任务,非常适合进行空间非合作目标的在轨操控。尽管国内外研究人员对空间非合作目标的在轨操控技术开展了一些研究,但面对目标航天器诸多需求以及工作环境的复杂性,该方面的研究还需要进一步深化拓展。对空间爬行机器人进行研究,可以满足空间载荷向着大型化、复杂化、智能化发展的需求,提高了载荷操作技术的机动性和灵活性,这将为我国空间在轨操控任务提供有力支持,为空间活动提供有力保障,具有重要的研究价值和现实意义。

　　本书为附着机理及仿生附节研究提供了可参考的研究方法和思路。首先,对生物微观结构进行细致观察,提取并分析生物特征,确立研究对象,扫描标本并进行三维建模,从微结构出发建立附着机理模型及力学模型并进行仿真分析,针对黏附特性和动态脱附特性的影响规律对微结构进行优化设计。其次,制备仿生黏附阵列结构并进行黏附性能实验研究。最后,根据该结构柔性大变形的特点,采用微接触理论与离散单元法的理论分析刚毛黏附与脱附的详细过程并模拟仿真模型的力学特性,从理论及仿真的角度,完成对该机器人在航天器表面黏附爬行过程的可行性论证。

　　本书特点体现在以下几个方面。

　　(1)紧跟领域科技前沿。航空航天器的在轨操控技术是一项极具前瞻性和挑战性的领域,该项技术涉及空间机器人的本体设计、结构设计、建模仿真、实验研究等内容,具有一定的先进性和代表性。

(2)注重仿生结构设计。考虑到空间在轨装配对象往往是大型、超大型结构,本书从以小机器人带动大构件的角度出发,研究了世界上力气较大的动物,并以此为切入点展开仿生结构设计与研究。对微观结构进行生物特征的观察和提取,再进行建模仿真分析,对于在该领域研究的读者具有一定的指导作用,有利于在新一代仿生设计方面进行创新。

(3)仿真与实验紧密结合。针对微结构设计以及攀附接触的特殊性,本书使用离散元软件 EDEM 详细说明了微阵列实现动态黏附和脱附的仿真方法。实验平台的搭建与测试高度贴合仿真,并符合仿真过程。实验平台的搭建以及实验方法具有一定指导作用。

由于作者水平有限,书中难免存在疏漏和不足之处,恳请读者批评指正。

作　者

2022 年 6 月

目 录

第 1 章

航天器在轨操控环境条件与任务对象分析

本章主要介绍航天器在轨操控环境条件与任务对象特征分析,包括航天器在轨操控任务背景、目标航天器结构特征与材料特性、空间环境条件及其对系统方案的影响。

1.1　航天器在轨操控任务背景

1.1.1　背景与需求

目前,世界各国都在积极发展航天技术,世界范围内迎来一波新的航天研究热潮。其中,在轨操控技术尤其是非合作目标航天器的在轨操控技术,是航天高科技领域中一项极具前瞻性和挑战性的课题。

空间非合作目标的在轨操控任务主要有三大类,具体介绍如下。

(1) 故障目标维修精细操作任务。

对故障航天器(如卫星)进行在轨维修,可以在不回收故障航天器的情况下使之重新投入使用,大大节约了航天器维修成本。由于故障目标多数是非合作目标,主动航天器(卫星、飞船等)需要搭载两条或多条机械臂,一条机械臂用于抓取故障目标以实现主动航天器与故障目标的可靠连接,另一条或多条机械臂对目标进行维修精细操作。在主动航天器上搭载多条机械臂,增加了主动航天器的质量与体积。同时,进行精细操作的机械臂需要依靠增加尺寸和冗余度来增加可达范围及避障能力,但这样势必会导致机械臂质量和体积的上升。空间爬行机器人可搭载于抓取机械臂上,在主动航天器和故障目标形成连接后,爬行移动到故障目标上需要维修的位置处进行维修精细操作,大大增加了可达范围,同时避免了操作机械臂与故障目标发生碰撞的风险,能很好地满足故障目标维修精细操作任务的需求。

(2) 废弃目标移除任务。

将废弃目标(失效卫星、空间碎片等)从轨道移除,可以清理并释放轨道,为正常航天器提供更多运行空间。将废弃目标从轨道移除有两种方式,一种是将其回收,另一种是将其放置到更高的轨道空间。可以采用主动航天器搭载机械臂或用飞网、飞矛等工具抓取或捕获废弃目标,然后将其回收;也可以在抓取或捕获废弃目标后,主动航天器飞入更高的轨道空间将其释放,但这两种方式均需要较高的移除成本。空间爬行机器人可以携带喷射装置,移动到废弃目标指定位置启动喷射,将废弃目标推入更高轨道,这样可以大大降低移除成本,满足废弃目标移除任务的需求。

(3)空间非合作目标操作任务。

空间爬行机器人实现了一种新型的空间载荷操控方式,通过机器人在目标航天器表面黏附爬行,实现了高灵活性和可达性,并降低了操作风险。机器人成本低、体积小、质量轻,也便于主动航天器执行多个任务,非常适合进行空间非合作目标的在轨操控任务。对空间爬行机器人进行研究,将为我国空间在轨操控任务提供有力支持,为我国的空间活动提供有力保障,具有重要的研究价值和现实意义。

1.1.2 航天器在轨操控技术国内外研究现状

加拿大作为具备先进空间机器人技术的代表国家之一,长期致力于空间机械臂系统的研究开发。早在1981年加拿大就为美国航天飞机设计并制造了著名的航天飞机遥控机械臂系统(Space Remote Manipulator System,SRMS),也是人家所熟知的加拿大臂(Canadarm)。之后又进一步研制了加拿大第二臂(Canadarm2),也称为大臂,长为17 m,质量为1.63 t,在2001年由美国"奋进"号航天飞机携带升空并被安装到国际空间站上,相比 SRMS,其工作范围更广,运动更灵活,结构更稳定。在服役期间,该机械臂成功完成了多次预定任务,其中包括在轨维修、更换部件、小型装配等。另外,加拿大还为国际空间站提供了名为 Dextre 的大型机器人,同样由"奋进"号航天飞机运送并组装完成。Dextre 质量为1 560 kg,纵向高为3.7 m,两臂伸展长度为2.4 m,且各有7个转动关节,整体非常灵活,这也是人类有史以来在太空安置的最大机器人装置。图1.1所示为加拿大第二臂,图中为航天员站在加拿大第二臂的"腕部"上进行舱外活动。图1.2所示为 Dextre 机器人。

图1.1 加拿大第二臂　　　　　　　　图1.2 Dextre 机器人

美国卡内基梅隆大学(Carnegie Mellon University,CMV)研发出一款空间机器人系统 Skyworker,主要用于空间大型设备的装配、检测和维护。该系统可以在空间结构上稳定附着或移动,并且能够完成在轨操作和运输有效载荷两类空间任务,操作载荷可达吨级。Skyworker 在轨装配和样机如图 1.3 所示。Skyworker 共有 11 个关节,当机器人末端的夹持器与目标固定时,另一端可以进行其他空间操作,此时机器人变为九自由度机械臂。目前机器人处于第一代原理样机测试阶段,旨在演示其抓取、装配等基本功能,并通过它来探究相关在轨操作的关键技术。

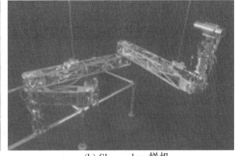

(a) Skyworker 在轨装配　　　　　　　(b) Skyworker 样机

图 1.3　Skyworker 在轨装配和样机

此外在亚欧地区,日本借助其在工业机器人方面的坚实基础,是最早提出在轨服务技术的国家之一。对于在轨装配,日本于 1999 年发射了 ETS－Ⅶ 卫星,如图 1.4 所示,上面搭载着超过 2 m 长的六自由度机械臂,可以完成零部件更换、目标抓取等指定操作。 德国宇航中心(Deutsches Zentrum für Luft-und Raumfahrt,DLR)在 1993 年开发了名为 ROTEX(小型空间机器人系统)的六自由度空间机器人,并由"哥伦比亚"号航天飞机装载进行了多项实验,ROTEX 机器人如图 1.5 所示;之后在 2010 年又提出了面向卫星在轨服务的智能积木 iBOSS 项目,计划对航天器进行模块化设计的研究,为在轨装配提供技术支持。欧洲航天局(European Space Agency,ESA)在 2016 年开始资助研究"立方星"在轨自主交会对接技术,并计划在此基础上开发"立方星"在轨自主装配成大型航天器的技术。

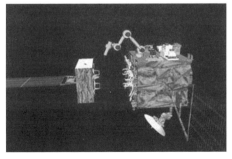
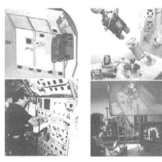

图 1.4　ETS－Ⅶ 卫星　　　　　　　图 1.5　ROTEX 机器人

2015 年底,美国航空航天局(National Aeronautics and Space Administration,NASA)资助商业公司开发"多功能空间机器人精密制造与装配系统",又名"建筑师"技术平台,可在轨自主制造并组装航天器系统,从根本上改变航天器制造的方法,打破发射限制,降低成本与风险。该项目也归属 NASA"新兴空间能力转折点"系列专题,主要研究国际空间站外空间环境下的增材制造(Additive Manufacturing Fabrication,AMF)技术,演示预制组件的在轨组装技术。"建筑师"将利用已在国际空间站验证的三维(3D)打印技术和已在 2016 年 3 月发射的增材制造设备进行在轨自主制造,组装示意图如图 1.6 所示。"建筑师"包括 3D 打印增材制造设备和机械臂,前者用于制造并扩展系统结构,后者用于定位和组装操作。"建筑师"计划安装在空间站舱外,能够执行在轨增材制造、通信卫星反射器制造与装配或在轨机械维修等任务。"建筑师"未来将继续发展成为三臂结构的在轨制造机器人系统,可在空间自主机动,并能将自身附着至轨道结构上,可通过增加或移除外部组件进行维修升级,可从退役航天器上移除并重新使用部件,甚至可清理空间碎片。

图 1.6 "建筑师"在轨自主制造及组装示意图

2016 年,我国"天宫二号"实验室升空,航天员与其上搭载的舱内机械手进行了人机协同在轨维修实验,"天宫二号"舱体及舱内机械手如图 1.7 所示。人机协同在轨实验为国际首例,主要面向航天器等空间设备的在轨装配任务。其中,舱内机械手由哈尔滨工业大学刘宏教授所带领的团队完成研制,该机械手包括柔性机械臂、仿人灵巧手、控制模块、人机交互模块等。这次实验成功完成了材料拆除、在轨遥操作等任务,为我国未来在轨装配技术的进一步研究积累了大量经验。2017 年,我国首艘货运飞船"天舟一号"成功发射进入太空,和"天宫二号"实现了交会对接,并完成了推进剂在轨补加实验,为我国后续大型空间站建设奠定了基础。以上飞行实验任务有效验证了在轨服务与维护的关键技术,极大地拓展了未来航天任务的范围。

航天员手动装配有一定的局限性,只能胜任任务量小、时间短、环境较为简

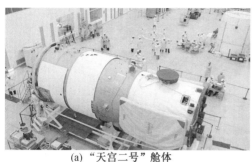
(a) "天宫二号" 舱体

(b) "天宫二号" 舱内机械手

图 1.7　"天宫二号" 舱体及舱内机械手

单的装配任务。对于未来结构复杂、体积巨大、安装环境恶劣、精度要求高的空间装配任务,航天员手动装配就无法满足任务要求了。无人在轨装配具备经济性高、风险低等优点,因此得到了广泛关注。自 20 世纪 70 年代以来,NASA 兰利研究中心(Langley Research Center,LRC)、欧洲航天局(ESA)、日本宇宙航空研究开发机构(Japan Aerospace Exploration Agency,JAXA)等诸多科研机构纷纷开展空间结构自主构建的技术研究,型号任务在轨装配实例如图 1.8 所示。

图 1.8(a) 所示为美国的多足短途全能机器人(LEMUR),它是最早的在轨装配机器人实体,经过多次升级换代,目前的工作任务转变为火星上的崖壁攀爬,每个机械足使用了 16 个手指结构来攀爬,每一个手指中都嵌入数百个小鱼钩结构。执行"火星 2020"任务的探测器也携带了一个来自 LEMUR 脚掌的适配器。

图 1.8(b) 所示为美国国防局 2012 年启动的 Phoenix 计划,该计划设想发射模块化的细胞星进入地球静止轨道,利用空间机器人对航天器进行部件修理、置换和升级。Phoenix 由质量为 7 kg、尺寸为 20 cm×20 cm×10 cm 的细胞星模块化卫星结构构成,是一种可自我集成的航天器,具备计算、供电、通信、传感及推进能力,能以不同形式和尺寸组合成可执行多种太空任务的有效载荷,细胞星至少需要一种关键部件(如天线)作为有效载荷与之连接,才能形成有用的航天器。

图 1.8(c) 所示为美国 Tethers Unlimited 公司的 SpiderFab 机器人,该机器人在未来 10 年可以帮助建造巨大的无线电天线和太阳能电池阵,目前处于地面实验阶段,可以用该原型制作 16 m 的桁架样品。下一阶段的计划是将体积进一步缩小,达到只有几十厘米的长度。

另一类具有代表性的自由飞行装配机器人是 Dragonfly(图 1.8(d)) 和 Arichnaut(图 1.8(e)),两个项目是相辅相成的。2015 年 7 月,NASA 启动了 Dragonfly 项目,同年 11 月 NASA 规划了 Arichnaut 项目,积极开展 Dragonfly 项目的地面演示和飞行演示验证。Dragonfly 是 NASA 空间机器人制造和装配

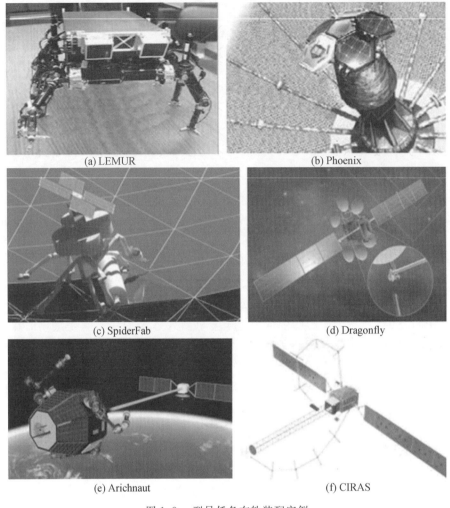

图 1.8　型号任务在轨装配实例

(Interspace Robot Manufacturing and Assembly,IRMA) 计划下三大项目中的第三个项目,使卫星在轨道上进行自组装。图 1.8(d) 所描述的是装配杆零件的工作过程。2020—2030 年发射任务是组装和部署反射器以创建大型无线电天线。Arichnaut 使用扩展结构增材制造技术进行空间零件打印,在相关的类空间热环境中成功进行了大于建筑体积的结构增材制造,制造了 37.7 m 的梁。

图 1.8(f) 所示为 2017 年 CIRAS 的一次地面验证实验,CIRAS 正在优先开发下一代望远镜、太阳能传输和通信平台的机器人装配技术。CIRAS 已经开始开发可逆接头,以通过 20 m 拉伸致动长距离空间内机械手和精密组装机器人来处理精密测量和对准工作。

除上述典型例子外,按照在轨装配过程,移动各装配单元到达指定位置并进行装配操控的四种不同方法分类,可分别列写如下。

(1) 自主飞行模块。

自主飞行模块中,每一个装配单元都具有机动能力,每一次装配即为一个装配单元与装配体之间的交会对接。其优势在于具有高度的灵活性,但是大量的交会对接增大了任务的风险与复杂性,并且每个装配单元具有推进及对接模块,增大了任务的成本。和平号(MIR)、国际空间站(International Space Station, ISS)、天宫空间站(China Space Station,CSS)等任务都属于此类。

(2) 自装配空间机器人。

自装配空间机器人中,机械臂作为操作主体刚性地连接到一个卫星基座上。装配时以卫星基座为中心,机械臂将装配单元装配在指定位置。其优势在于机械臂与装配体之间是刚性连接,可靠性较好。但是其可装配的装配体体积受到机械臂工作空间的限制,增大机械臂体积则会增加火箭运载负担。其典型案例包括 CIRAS、加拿大臂、HTV 等。

(3) 自由飞行装配机器人。

自由飞行装配机器人组成依然为卫星基座与机械臂,但是与自装配机器人的区别在于,其不需要以自身为中心进行装配。此方法可以更加方便地组装大型结构,并且可以实现多机器人协同作业。但是装配结构复杂度的增加会导致机器人自由飞行困难的增加,并且对导航、制导与控制(GNC)及近距离操作技术提出了很高的要求。ETS−Ⅶ、轨道快车、Phoenix、RSGS、Arichnaut、Dragonfly 等项目,以及麻省理工学院(Massachusetts Institute of Technology,MIT)、加州理工学院(California Institute of Technology,Caltech)、南京航空航天大学(Nanjing University of Aeronautics and Astronautics,NUAA)等都对其进行了研究。

(4) 附着型装配机器人。

附着型装配机器人可以附着在装配体上进行移动与装配操作,通过标准化的接口与装配体连接。由于整个装配过程中机器人均刚性连接在装配体上,其具有可靠性高、运动性强、操作简单的优点,是目前最具有潜力的在轨装配解决方案。Skyworker、LEMUR、SpiderFab、SIROM 等项目,以及用于装配的蠕虫机器人、BILL−E 机器人都采取此种方法。

对于空间大型结构的在轨装配,通过对已有项目的归纳可以得出三种构建方法:可展开结构构建、可直立结构构建与太空成型结构构建。三种构建方法各有优缺点,主要区别在于发射火箭的外包络体积、可靠性、经济性、装配完整结构的功能效果等,具体介绍如下。

(1) 可展开结构构建。

可展开结构在运动表面上制造、折叠,装载在运载火箭中运输到轨道上,入轨后执行结构展开。其为空间大型结构(10 m 左右直径)或中等基线结构(15 ~ 50 m)提供了较好的解决方案,可用作支撑桁杆、天线支撑杆、大型平面桁架、大型多孔径反射镜、太阳能帆板等。其优点是可适配运载工具的载荷体积、节约质量并无须舱外活动;缺点是任务单一且风险大,一旦展开则无法改变任务,若未展开将导致航天器整体失效,结构复杂性降低了部件的结构效率和系统的可靠性。

(2)可直立结构构建。

在轨道上将直立零部件依次装配起来形成大型结构,部件在运动表面制造并包装放入运载工具。入轨后,可通过宇航员或机器人进行装配。其优点是紧凑的包装能力、增强的多功能性和扩展能力、维护和修理适应性强、结构相对简单,具有构建超大型结构(> 100 m)的能力;缺点是当前机器人技术尚未满足经济性与可靠性的要求。

(3)太空成型结构构建。

在轨道上将未加工的材料进行现场原位制造,生成在轨装配所需的零部件。其优点是原材料运载包装密度高、在轨装配任务灵活度大;缺点是加工过程自动化可靠性低,需要额外的装配活动。对于应急零件更换任务是较好的解决方案。

结合当前的技术成熟度,可直立结构构建方法(对应整星组装与模块组装层次)具有结构简单、包装效率高和灵活装配等特点,是目前各在轨装配演示验证项目采用的主流方法。

有人在轨装配是国际空间站目前为止最复杂的国际合作在轨装配项目,其包括 13 个主要舱段,总体积为 425 m³,包括加压舱、桁架结构、太阳能电池阵、对接口、实验舱及空间机械臂等。国际空间站的补给主要通过航天飞机(美国)、进步飞船(俄罗斯)及自主转移飞行器(欧洲)共同完成。其建造通过空间站上的机械臂 Canadarm2 和宇航员的舱外活动共同完成。1985 年,美国在 STS61 − B 航天任务中执行了 EASE/ACCCESS 的装配验证项目。该项目在航天飞机的货舱中,通过宇航员手动装配 13.7 m 长的大型桁架结构,来测试宇航员在轨装配的有效程度并积累在轨建造的经验。

运动表面模拟实验方面,兰利研究中心针对大型空间结构的在轨装配进行了结构零部件的运动表面包装和在轨展开与装配方面的研究。通过一系列的研究和分析认为,这种大型空间结构的运动表面包装及在轨展开和装配应该综合到航天器的早期设计内容中去,这样才能协调好运动表面包装、在轨展开以及在轨装配之间的关系。研究中主要进行了两个系统实验,其一是在轨装配方法与内容的研究和分析,另一个是大型航天器的结构展开技术以及展开式航天器结构和装配展开混合式航天器结构的运动表面包装要求。研究的重点是怎样减小结构包装后的体积和质量，以及运动表面包装、在轨展开和最终结构之间的关系。其中的典型代表是运动表面和模拟微重力（中性浮力水池）环境下的大型空间结构有人装配研究。

除此之外，国内外大学对在轨装配技术方面做了大量的研究。

约克大学（University of York，UoY）的 Benoit P. Larouche 介绍了一种基于视觉伺服系统的六自由度空间机械手（图 1.9）对非合作目标进行动态捕获的方法。信息通过系统的内部模型传播，并执行目标获取和接近阶段以及对准和捕获阶段指令来捕获运动中的目标。

南京航空航天大学的曹凯针对构成空间太阳能电站主体结构的球形太阳电池阵，提出了在轨组装策略。图 1.10 所示为在轨组装模型整体构架。该构架将 Tschauner－Hempel 方程与弹性梁的有限元模型相结合，考虑了在轨装配的振动问题，建立了重力梯度作用

图 1.9　基于视觉伺服系统的六自由度空间机械手

下结构振动的动力学模型；采用经典的车桥耦合动力学模型描述了机器人在轨装配的运动；提出并分析了装配策略，包括单机器人装配策略、双机器人装配策略和结构加固策略。通过仿真验证了所提方法的有效性，并对其进行了优化，以减小装配过程中的结构振动。

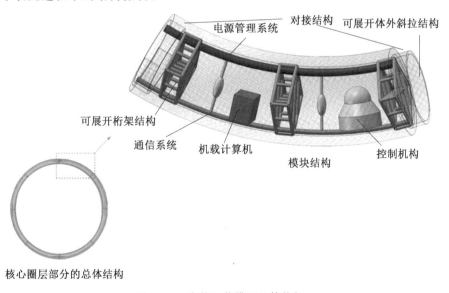

图 1.10　在轨组装模型整体构架

北京航空航天大学的 Weizhi Wang,针对在轨工作的空间几何参数标定提出了一种新的基于双矢量姿态确定算法的在轨标定方法。在利用运动表面定标场进行定标方法的基础上,建立了双阵列摄像机系统,在具有良好隔振性能的真空室中搭建了一个带有双阵列照相机的实验系统,对于实施在轨装配工作,提高装配工作的精确度具有重要意义。图 1.11 所示为照相机几何参数在轨标定图。

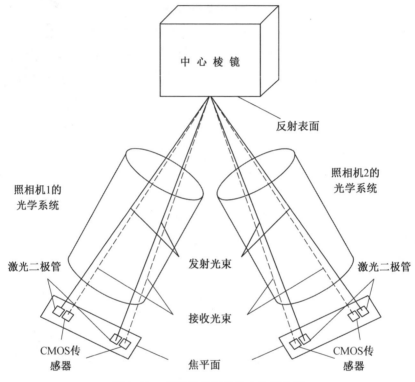

图 1.11　照相机几何参数在轨标定图

哈尔滨工业大学的蒋再男对模块化空间望远镜机器人的装配进行了设计,并完成了初步运动表面实验。空间望远镜直径为 10 m。为了实现空间望远镜的在轨装配和维修,提出了一种由环形移动底座和九自由度可伸缩机械臂组成的新型组装机器人。机械手包括一个中央控制器、两个末端执行器和两个摄像头,实验装配对象侧面子镜模块为六边形圆柱体,边长为 150 mm,高度为 120 mm,具有高度灵活性。图 1.12 所示为望远镜组装实验装置。

西北工业大学的黄攀峰针对空间站的组装、在轨故障卫星的修复以及月球和火星表面的探测,设计了一种空间机器人运动表面遥操作实验系统(图 1.13),采用运动学等效与动力学计算相结合的混合方法对在轨空间机器人进行了仿真,实现了空间机器人的半物理仿真。通过典型的实验验证,该运动表面实验遥操作系统具有良好的性能。

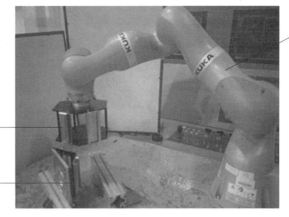

KUKA LWR iiwa协作机械手

侧面子镜模块

中央子镜模块

图 1.12　望远镜组装实验装置

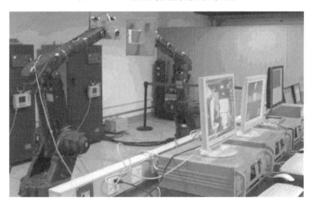

图 1.13　空间机器人运动表面遥操作实验系统

哈尔滨工业大学的郭继峰提出了一种多机器人环境下大空间桁架结构在轨装配的序列规划方法,该方法采用结构体单元级和支撑级大空间桁架结构的分层来表示,分别给出了利用连通矩阵和有向图表示支撑水平和垂直水平,给出了多机器人串行装配策略和装配状态,描述了装配任务和装配序列,分别讨论了支撑级和虚拟装配级的装配序列规划算法,仿真结果表明该方法是可行和有效的。

中国科学院长春光学精密机械与物理研究所的朱嘉琦,根据在轨组装空间望远镜关键技术的研究需求,为有效实施在轨组装服务,设计了在轨组装机器人及子镜组装分系统的运动表面验证方案,并对组装机器人的末端抓取机构进行设计分析。机械臂能承受的最大负载为 130 kg,重复精度为 ±0.06 mm,3 个带有阿基米德平面螺纹的胀紧爪均匀分布于导向槽内,并与螺旋盘啮合。抓取机构采用插入式、胀紧式两种锁紧方案,利用手眼相机提供的视觉信息对组装机械臂进行视觉控制。图 1.14 所示为子镜模块组装过程示意图。

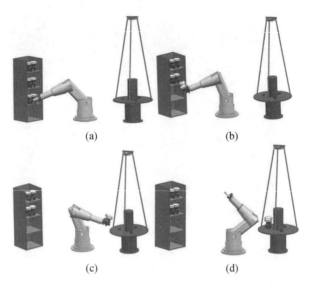

图 1.14　子镜模块组装过程示意图

1.1.3　发展动态分析

通过上述内容可以看出,目前,机械臂技术在空间有效载荷操控领域占据着绝对的主导地位,美国、加拿大、日本等国均在该领域取得了突破性进展。但随着空间探测技术的发展,空间载荷向着大型化、复杂化、智能化方向发展,机械臂技术的局限性也在逐步体现。灵活性、机动性更高的载荷操作技术应运而生。因此,急需研制出一种新型空间爬行机器人,该爬行机器人可黏附于目标航天器上,以爬行的方式移动至相应位置对目标进行操控,完成对目标航天器的在轨维修精细操作、废弃目标移除等操控任务。新型空间爬行机器人可以拓展现有机械臂的工作空间和任务功能,为空间非合作目标的在轨操控提供有力支撑,具有极高的研究价值和应用前景。

1.2　目标航天器结构特征与材料特性

1.2.1　主要在轨及在研航天器类型研究

对目前在轨及在研的航天器进行归纳,分类如图 1.15 所示。

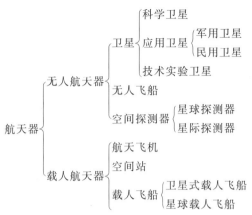

图 1.15　主要在轨及在研航天器类型

其中,卫星是发射数量最多、用途最广的一种航天器,占航天器发射总数的90%以上。应用卫星(如气象卫星、通信卫星、导航卫星、侦察卫星等)占比最高,很多卫星是军民两用的。此外,飞船作为一种天地往返运输器,为空间站往返运送航天员和物品,其应用价值也很高。航天器是空间爬行机器人的操作目标,对其尺寸、体积、特性的研究,可对空间爬行机器人提出设计需求。

1.2.2　航天器主体结构及附件结构特征研究

航天器的主体结构及附件结构特点,决定了空间爬行机器人需要黏附的表面形状特征以及越障能力。航天器主体结构零部件的形状可分为杆系结构、板结构和壳体结构。

(1) 杆系结构。

杆系结构是由一维形状的杆件和相关的杆接头组成的结构。

(2) 板结构。

板结构是二维的平板形状结构,板结构的最主要要求是提高抗弯刚度和稳定性,目前在航天器中广泛采用具有蜂窝芯子的夹层板结构。

(3) 壳体结构。

壳体结构是二维的旋转壳或其他曲面形状结构。其中,圆柱壳结构是最广泛采用的壳体结构,典型的壳体结构是作为航天器主结构的中心承力筒,它是航天器最主要的承力结构。

对航天器主体和主要附件的结构特点进行研究可以直接为空间爬行机器人的设计提供理论支持。图 1.16 所示为航天器主体结构与附件结构特征。

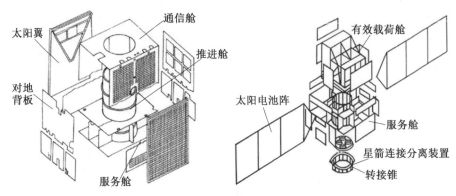

图 1.16　航天器主体结构与附件结构特征

1.2.3　航天器表面特性及主要材料分析

由于航天器工作环境的特殊性,其材料的要求与对常规机械产品材料的要求有很大区别,目前航天器结构材料可分为金属材料和复合材料两大类。

(1)金属材料。

金属材料主要有铝合金、镁合金和钛合金等轻质材料。其中铝合金由于诸多优点在过去和现在一直是航天器的主要结构材料之一,镁合金总体性能与铝合金相比并无特别的优越之处,应用较少。钛合金可用于需承受较高载荷和应力的零部件以及某些有隔热特殊要求的结构部件。

(2)复合材料。

复合材料主要有玻璃－环氧复合材料、硼－环氧复合材料、碳－环氧复合材料以及凯夫拉－环氧复合材料等。玻璃－环氧复合材料目前已较少使用。硼－环氧复合材料主要是作为杆件、壳体和金属结构的增强材料。碳－环氧复合材料目前应用最为广泛,特别是以碳－环氧复合材料为面板的铝蜂窝夹层结构已得到了广泛的应用。凯夫拉－环氧复合材料用于天线结构、隔热结构等。航天器典型结构形式所采用的材料见表1.1。

表 1.1　航天器典型结构形式所采用的材料

结构形式	材料
杆系结构	直杆部分为碳－环氧复合材料 接头为铝合金、钛合金、碳－环氧复合材料
桁条＋蒙皮结构	铝合金 碳－环氧复合材料
隔框＋蒙皮结构	铝合金 碳－环氧复合材料

续表1.1

结构形式	材料
夹层结构	面板为铝合金、碳－环氧复合材料 芯子为铝蜂窝
支架结构	铝合金、镁合金 碳－环氧复合材料
带螺纹零部件	钛合金、钢合金
透波结构	凯夫拉－环氧复合材料
耐高温结构	钛合金

1.3　空间环境条件及其对系统方案的影响

1.3.1　真空环境

大气密度随高度的升高而呈指数下降,在 100 km 的高空,大气密度为 $5 \times 10^{-7} kg/m^3$,压力为 0.03 Pa,只有地面大气压力的百万分之一,已经是高真空环境。在 350 km 的高空,大气压力为 $4 \times 10^{-6} Pa$,比地球表面压力低 10 个数量级,分子自由程已达数百米,开始进入超高真空环境,而地球同步轨道高度已属于极高真空环境。在真空环境中,许多与地球大气环境不同的现象,都会影响航天器的正常工作,具体介绍如下。

(1)密封结构。

航天器密封舱或密封部件内部与周围环境有较大的压力差,若舱内保持一个大气压,每平方米的舱壁则将承受 10 t 的压力,密封结构设计应能够承受这种压力差。航天员穿的舱外航天服既要保持一定(约 1/3 的大气压)的压力,又要便于航天员的肢体活动,这给设计和制造带来很多困难。压力差易引起气体泄漏,要求有良好的气密设计,保持足够低的泄漏率。非密封部件如果没有足够的放气孔道,在航天器发射升空过程中也会产生内外压力差。

(2)传热。

由于没有空气对流,航天器非密封舱内各部件之间的热交换只有传导与辐射,航天器与外部空间只有辐射热交换,对航天器的热状态有直接影响。

(3)放气和污染。

航天器各种材料表面或内部的可挥发物质在真空环境中扩散或升华到周围大气,而产生了真空放气现象。升华率和放气率因材料而异,如金属锌有高的升华率,有些聚合物的放气率也较高。放气不仅使得材料质量损失和性能下降,而且还会对敏感部件表面造成污染。放气的分子以及蒸发或升华的分子在航天器周围运动,这些随机运动的分子可能撞击到航天器热控材料或光学部件表面并在上面沉积,造成分子污染,这会使光学器件的性能下降、热控材料的表面特性改变、太阳能电池输出功率下降。

（4）真空放电。

真空放电实际上是指在低气压条件下气体中两个电极之间击穿而形成的放电现象。航天器运动的轨道已处于高真空以上的环境,电极间击穿电压很高,不易造成气体放电。但是从地面发射航天器直到入轨的过程中,外界气压从 1 个大气压降到高真空,总要经过放电电压最低的区间,高电压电极间将会产生高导电的等离子体,发生放电现象。此外,入轨后航天器材料的放气和容器的泄漏,也会形成电极间低气压击穿放电的环境。放电结果造成仪器设备的工作异常,持续的放电电弧将会烧毁材料和器件。为避免低气压放电的发生,除了采用绝缘介质充填或增大电极间距离外,许多航天器在入轨后经过一段时间放气后才接通高电压供电电源。

（5）黏滞与冷焊。

高真空环境中,两固体接触面间已不再吸附有气体分子膜,金属物体间的分子将互相扩散渗透,使得接触面间产生黏滞现象,摩擦阻力增加。如果表面洁净度很高,在一定压力下,两者将黏结在一起,即无须加热而焊接在一起,称为冷焊。冷焊使得继电器接点和展开机构等活动部件失灵,造成航天器故障。因此,活动部件表面需选用不易发生冷焊的材料搭配。液体润滑剂在真空环境中会发生蒸发和污染,在航天器上应用有较大局限。专为航天结构研制的二硫化钼（MoS_2）固态薄膜润滑技术,已被广泛地应用于航天器的各种摩擦副（两个既直接接触又产生相对运动的物体所构成的系统）,以防止黏滞与冷焊。

1.3.2　温度交变

在真空环境中,航天器与外部的热交换只能以辐射方式进行,而航天器内部也只有传导和辐射,没有对流。另外,宇宙空间的背景温度为 4 K,属于超低温,也被称为"低温热沉"。航天器的热能辐射到深冷的背景空间,而背景空间几乎没有热量辐射到航天器,因此,航天器温度最终将降低到深空背景温度。

航天器由于所处位置不同,受到太空中热源作用的效果也不尽相同,所以会受到高低温作用或者它们的热循环作用。航天器运载轨道与元件和材料所处的位置,都是影响元件和材料温度的环境因素。大多数材料在高温下强度会降低,尺寸稳定性会变差,并且高分子材料在高温下的老化和分解过程会加速。大多数材料在低温下表现为强度升高,脆性增大,相应的塑性降低,航天器结构受到破坏。

1.3.3　高能粒子辐射环境

地球空间存在着高能粒子辐射,这些粒子包括质子、电子和中子等。其能级很高,在光电子伏量级以上,具有很强的穿透能力,它们穿入材料和器件或者生物机体内部,对这些物质造成损伤。高能粒子辐射源全部来源于天然辐射,包括银河宇宙射线、太阳宇宙射线、地球辐射带等。银河宇宙射线的组成主要是质子,约占 85%,其次是氦原子核,还有少量的离子和电子。太阳宇宙射线是太阳表面爆发耀斑时发射出的高能带电粒子流,其中绝大部分是质子流,还有少量的 α 粒子和一些重原子核。地球辐射带是被地磁场捕获的高强度高能带电粒子的区域,高能带电粒子传播到地球空间后,受地磁场的作用而往返于赤道南北两侧,形成了带电粒子密集的区域。

（1）总剂量效应。

辐射能量沉积到材料中的能力称为辐射剂量,一段时间内各种能量粒子积累的辐射剂量称为总剂量,总剂量对材料、器件的影响或损伤称为总剂量效应。总剂量效应包括高能粒子对材料的电离损伤和位移损伤作用,作用的结果是造成材料性能改变,以及生物机体的损伤。

（2）单粒子效应。

单粒子效应是由单个高能质子或离子入射到电子器件中,产生电离作用,沿着其轨迹周围产生大量电子空穴对,形成一条电离区,改变了敏感区域的导电状态,引起电路逻辑状态的改变而称为单粒子效应,包括单粒子翻转、单粒子锁定和单粒子烧毁。

1.3.4　紫外辐射

空间紫外辐照强度虽然很低（118.1 W/m²）,但是由于单个紫外光子的能量很高,可以使大多数材料分子的化学键断裂,会对航天器外露材料的性能产生严重影响。紫外辐射可以使航天器的热控涂层光学性质发生改变,使有机聚合物材料发生降解,光学、力学性能降低。

在低地球轨道环境中,波长为 100～400 nm 尤其是波长小于 240 nm 的紫外辐射对无保护层的聚合物材料具有极强的破坏作用。紫外辐射具有足够的能量可使得有机物化学键断裂,使得聚合物分子链发生裂解,导致材料降解。紫外辐射还会导致聚合物表面的交联,从而造成材料表面软化或者破裂,使得材料的表面形态、光学性能发生改变,机械性能恶化。

综上所述,在爬行机器人系统方案设计过程中,应充分考虑空间环境条件及其效应,提出符合应用场景的机器人系统方案。

第 2 章

航天器表面附着机器人构型

本章首先介绍航天器表面附着机器人的构型,包括机器人腿部构型、关节构型,接下来进行步态分析以实现蠕动和翻转规划,再以构型为基础建立正逆运动学和动力学模型,进而完成关节空间运动变换。

2.1　机器人腿部构型

机器人本体是执行任务的平台,是整个爬行系统的核心部分,要求移动灵活、安全可靠、小巧轻量。 爬行机器人的移动功能是其核心。常见的机械装置移动方式有轮式、履带式、足式和蠕动式,表 2.1 列出了各种移动方式的比较。

表 2.1　各种移动方式的比较

移动方式	优点	缺点
轮式	移动速度快,控制方便,转弯容易	与壁面接触面积小,越障能力差,易发生打滑
履带式	与壁面接触面积较大,承载能力大,移动速度快,对壁面的适应能力强	履带磨损大,结构复杂,机动性较差
足式	越障能力强,承载能力大,机动性好,具有很强的壁面适应能力	结构较复杂,关节和足数多,控制比较复杂
蠕动式	承载能力大,运动平稳,控制简便,对壁面适应能力比较强	运动速度慢,越障能力差

从表 2.1 中可以看出,足式移动方式的机器人可以相对较容易地跨过比较大的障碍(如沟、坎等),并且机器人足所具有的大量自由度可以使机器人的运动更加灵活,对凹凸不平地形的适应能力更强。爬行机器人区别于轮式以及履带式移动机器人,其良好的地形适应能力以及越障能力能够更好地帮助它适应空间爬行。

2.1.1　机器人本体设计

设计一种巡游机器人,其机身整体结构要有较低的重心,以保证其在爬行过程中具有较好的稳定性,并能降低能量消耗,同时足部在垂直方向的摆动范围要足够大,才能够具有较好的地形适应能力。结合非合作目标表面形貌未知的特性,主要考虑通过设计转动关节来实现。转动关节的越障能力较强,能够通过凹、凸过渡。图 2.1 所示为多足机器人传统地面越障方式,其能够跨越的最大高度与其结构尺寸有关,可以通过理论计算得出。然而在空间环境下没有重力作用,机器人在空间悬浮,没有"顶部和底部"之分,因此可以通过翻转的方式进行越障,其能够跨越的障碍尺寸不受本身尺寸结构影响,只考虑其腿部尺寸与凹凸过渡形状跨越关系即可。

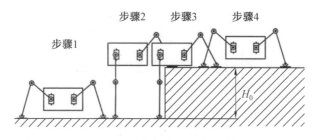

图 2.1　多足机器人传统地面越障方式

图 2.2 所示为巡游机器人结构构型,其具有五个自由度,关节自由度采用 2－1－2 分布,即其踝关节具有两个正交的自由度,而膝关节只有一个自由度,与本体连接部分具有两个正交的自由度。前端设计有两只操作手,可以进行维修、检测等相关工作。该结构在满足上述要求的前提下还具有如下优点。

（1）拥有多种平面运动方式,有利于实现复杂的工作任务。

（2）采用对称结构,拥有在任意状态下完成工作任务的能力。

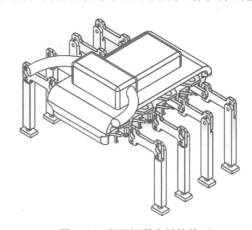

图 2.2　巡游机器人结构构型

同时,考虑到巡游机器人的工作环境,其腿部结构应当满足以下几点要求。

（1）腿部具有较高的结构强度,具有缓冲吸能特性,可以在其降落时避免反作用力将其弹开。

（2）空间没有重力,需要克服单腿抬起时,工作表面扰动和微振动对其吸附可靠性和稳定性的影响。

（3）脚踝采用球铰，使其能够适应不同工作表面。

（4）由于能源限制，其足部吸附力不宜过大，应减少腿部电机的功耗。

2.1.2　腿部结构设计

机器人腿部采用连杆模块的设计方式，主要考虑其结构强度、变形、易与驱动器连接等问题。机器人机体是一个规则平台，每条腿通过臀关节与机体相连，臀关节轴心线和机体平面垂直。爬行机器人每条腿的结构配置相同，腿部由髋偏航关节、髋俯仰关节、膝俯仰关节（分别定为连杆 1、连杆 2、连杆 3），三个旋转关节和足部球关节组合而成。旋转关节为主动驱动自由度，满足了足端在空间中位置移动的需求；球关节为被动约束自由度，满足了足部在机器人爬行过程中姿态调整的需求。通过机器人各腿部结构交替完成抬起－前后移动－放下等动作，实现机器人爬行运动。

机器人的腿部结构由一个平面连杆、臀关节、足及足关节组成。足关节是球铰，有三个转动自由度，因此整条腿有六个自由度，当足与地面接触时，该腿定义为站立腿，并假设足与地面的接触点在腿移开前是不变的，随着足的移开，腿处于摆动状态，则该腿定义为摆动腿。以图 2.2 为例，机器人站立时就相当于一个并联机构，它们的本质区别在于多足步行机器人设计冗余驱动的情况，根据 Grubler 公式，以 f_0 表示机器人机体的运动自由度数，则有

$$f_0 = \lambda(n-j-1) + \sum f_i \tag{2.1}$$

式中　　λ —— 运动参数，$\lambda = 6$；

　　　　n —— 连杆数；

　　　　j —— 关节数；

　　　　f_i —— 第 i 个关节的自由度数。

步行机器人的机体和地面分别被视为并联机器人的移动平台和固定平台，计算八足站立和四足站立的运动自由度。

八条腿都是站立腿，那么 $n = 26$，$j = 32$（8 个球关节和 24 个旋转关节），则有

$$f_0 = 6 \times (26 - 32 - 1) + 3 \times 8 + 1 \times 24 = 6 \tag{2.2}$$

四条腿都是站立腿，那么 $n = 14$，$j = 16$（4 个球关节和 12 个旋转关节），则有

$$f_0 = 6 \times (14 - 16 - 1) + 3 \times 4 + 1 \times 12 = 6 \tag{2.3}$$

由以上可知，机器人机体的机动性不仅包括三维平动，还包括三维转动。根据巡游机器人的设计需求，利用 SolidWorks 进行模型搭建，如图 2.3 所示。

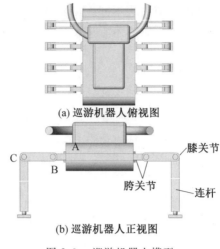

(a) 巡游机器人俯视图

A

C

B

膝关节

胯关节

连杆

(b) 巡游机器人正视图

图 2.3　巡游机器人模型

2.2　机器人关节构型

2.2.1　机器人关节结构设计

机器人本体与大腿之间由胯关节连接,大腿与小腿之间由膝关节连接,小腿和足之间由踝关节连接。巡游机器人各关节简图如图 2.4 所示。机器人的胯关节和踝关节均具有两个自由度,结构形式为旋转－俯仰(Roll－Pitch)型,因为空间环境不考虑重力,因此采用压电马达直驱的方式,动力传动形式简单、实用。

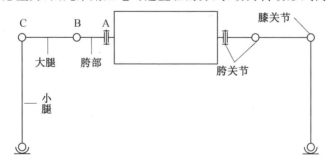

大腿　胯部　　　　　　　胯关节

小腿

膝关节

图 2.4　巡游机器人各关节简图

空间足式爬行机器人在实现运动过程中,足起着关键作用,机器人的步态实现是通过足的交替与接触面的黏附及关节驱动实现的,空间环境中足与壁面的黏附性能直接影响到机器人能否可靠黏附及机器人的运动状态。为了实现足与接触面间的快速可靠黏附,足底采用仿生刚毛的方式进行设计。

巡游机器人机体长、宽、高分别为 180 mm、100 mm、70 mm,与机体相连的杆件命名为连杆 1(图 2.5(a))、连杆 1 长(轴心距)为 23 mm,有互相垂直的偏航和俯仰关节,为了加大每条腿之间的间隔,俯仰关节处的关节厚度变小,配合连杆 2(图 2.5(b))。连杆 2 长为 43 mm,分别连接连杆 1 与连杆 3(图 2.5(c)),可以看作机器人的"大腿",在轴两侧预留安装驱动电机的螺纹孔位。连杆 3 长为 82 mm,作为机器人的"小腿"分别连接连杆 2 与足部,其中膝俯仰关节为了配合连杆 2 而减小关节厚度。足部配合髋俯仰关节和膝俯仰关节的运动,可以使巡游机器人满足相应任务需求。

(a) 连杆1　　　　　　　(b) 连杆2　　　　　　　(c) 连杆3

图 2.5　巡游机器人连杆图

2.2.2　爬行机器人关节驱动电机选型

爬行机器人中所有关节都是相对转动的,因此采用电机驱动的方式来实现机器人的运动。在选择电机前必须对爬行机器人腿部各关节所需要的转矩进行一个初步的估算,在此为了计算方便,选用爬行机器人运动简图的相关几何参数进行计算。爬行机器人的运动简图及几何尺寸分别如图 2.6 和图 2.7 所示。

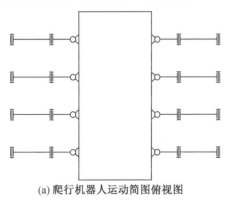

(a) 爬行机器人运动简图俯视图

图 2.6　爬行机器人的运动简图

航天器表面附着巡游机器人系统

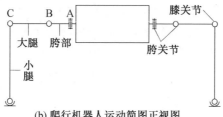

(b) 爬行机器人运动简图正视图

续图 2.6

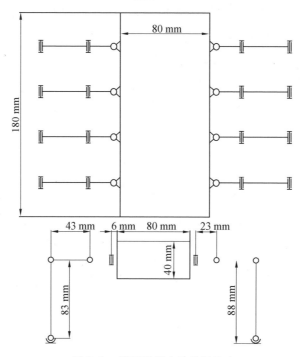

图 2.7　爬行机器人的几何尺寸

爬行机器人的几何尺寸见表 2.2。

表 2.2　爬行机器人的几何尺寸

名称	符号	数值／mm
爬行机器人本体长度	L	180
爬行机器人本体宽度	W	80
爬行机器人本体高度	H	40
连接处长度	L_L	6
爬行机器人胯部长度	L_C	23
爬行机器人大腿长度	L_T	43
爬行机器人小腿长度	L_S	88

太空中是一个失重的状态,所以在计算力矩时不需要考虑零部件的重力,在这种情况下,首先列举爬行机器人可能需要较大转矩的运动。

(1)A 处在爬行机器人爬行时会需要较大的转矩。

(2)B 处在爬行机器人实现足部脱离工作面的过程中会需要较大的转矩。

(3)C 处和 B 处相似,在爬行机器人实现足部脱离工作面的过程中会需要较大的转矩,而且本设计中为了减小垂直拔起足部时 B 处所需要的转矩,C 处需要产生转动从而给爬行机器人足部阵列一个切向的移动趋势,减小足部阵列的黏附力。和 B 处不一样的是,在爬行机器人进行翻转动作时,C 处的电机需提供转矩作为翻转的动力源。

1. A 处所需要的转矩

A 处是爬行机器人的胯关节和本体相连接的地方。爬行机器人前进的主要方式有两种,如图 2.8 所示,在计算电机前进所需要的转矩时,两者没有任何区别,在此以图 2.8(a) 为例进行说明。电机主要在爬行机器人前进时提供转矩(前进时腿部状态为第 3、4、7、8 号腿由前向后运动;第 3、4、7、8 号腿的足部和工作面仍然保持接触;第 1、2、5、6 号腿的足部已经和工作面分离)。

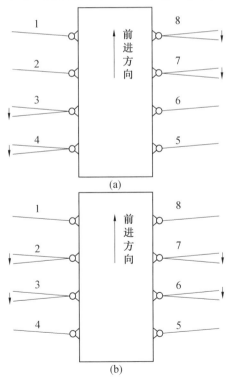

图 2.8　爬行机器人前进的主要方式

在计算具体电机需要的转矩前,需要计算整体的加速度。此处的计算主要是为电机的选型提供一个依据,可将爬行机器人的运动过程简化为一个先匀加速再匀减速的过程。图 2.9 所示为机器人爬行的速度时间图。图 2.10 所示为爬行机器人前进受力分析图。

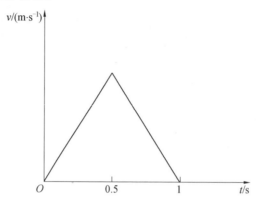

图 2.9　机器人爬行的速度时间图

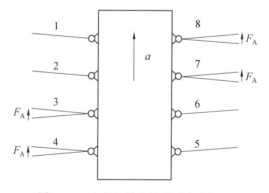

图 2.10　爬行机器人前进受力分析图

根据爬行速度要求可知,爬行速度为 $v=1\ \text{cm/s}$,此处简化为在 1 s 内爬行机器人向前爬行了 1 cm,由图 2.9 可知加速度和距离的关系式为

$$\frac{1}{2}a_\text{A}t^2 = \frac{1}{2}s \qquad\qquad (2.4)$$

变换得

$$a_\text{A} = \frac{s}{t^2} \qquad\qquad (2.5)$$

式中　a_A——A 处运动的加速度,m/s²;

　　　t—— 爬行 1 cm 所需时间的一半,s;

　　　s—— 1 s 内总共的爬行路程,m。

把各数值代入式(2.5),得

$$a_A = \frac{0.01}{0.5^2} = 0.04\,(\mathrm{m/s^2})$$

第 3、4、7、8 号腿的电机所提供转矩的作用点为这些腿的足部,最终转矩转化为爬行机器人整体的驱动力 F_A,则

$$F_A = \frac{T_A}{L_C + L_T} \tag{2.6}$$

式中　　T_A—— 一个电机输出的转矩,$\mathrm{N \cdot m}$;

　　　　L_C—— 胯部的长度,m;

　　　　L_T—— 大腿的长度,m。

由牛顿第二定律可知(由总体设计可知,爬行机器人腿部质量相对于其本体质量而言较小,所以在此处使用爬行机器人的总质量 m)

$$F_A = \frac{ma_A}{4} \tag{2.7}$$

把各数值代入式(2.7)得

$$F_A = \frac{5 \times 0.04}{4} = 0.05\,(\mathrm{N})$$

整理式(2.6)得

$$T_A = F_A(L_C + L_T) \tag{2.8}$$

把各数值代入式(2.8)得

$$T_A = 0.05 \times (0.023 + 0.043) = 0.003\,3\,(\mathrm{N \cdot m})$$

2. B 处所需要的转矩

由前面的分析可知,B 处所需要的最大转矩主要在足部分离时产生,足底的黏附力比较大,将最后在切向垂直用力拔起策略下所需克服的足底黏附力 F_{ad} 简化为 1 N。图 2.11 所示为抬腿的受力分析。

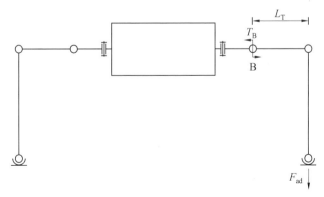

图 2.11　抬腿的受力分析

B 处需要的转矩 T_B 可以通过下式得出：

$$T_B = F_{ad}L_T \tag{2.9}$$

将各数值代入式(2.9)得

$$T_B = 1 \times 0.043 = 0.043(\text{N} \cdot \text{m})$$

3. C 处所需要的转矩

（1）提供切向力所需转矩的计算。

在足部抬起的过程中，T_C 主要提供一个让足底侧向移动的切向力 F_t，从而减小整个足底的黏附力，由分析可知 $F_t = 0.5$ N。图 2.12 所示为膝盖提供切向力的受力分析。

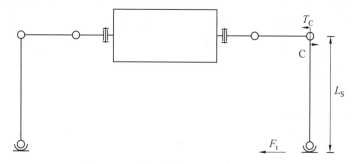

图 2.12　膝盖提供切向力的受力分析

C 处需要的转矩 T_C 可以通过下式得出：

$$T_C = F_tL_S \tag{2.10}$$

将各数值代入式(2.10)得

$$T_C = 0.5 \times 0.088 = 0.044(\text{N} \cdot \text{m}) \tag{2.11}$$

（2）翻转动作所需转矩的计算。

在爬行机器人进行翻转时，C 处电机带动余下的其他部分转动 180°（图 2.13）。 在进行相关转矩的计算时，忽略爬行机器人具体的质量分布，将爬行机器人近似地看成有着本体大小的均质长方体，绕着 C 处转动（图 2.14）。

在计算具体电机需要的转矩前，需要计算整体的角加速度。此处的计算主要是为电机的选型提供一个依据，可将爬行机器人的运动过程简化为一个先匀加速再匀减速的过程。图 2.15 所示为机器人翻转的角速度时间图。

出于实际应用的考虑，在 2 s 内完成爬行机器人的翻转过程是比较科学合理的。由图 2.15 可知，角加速度和角度的关系式为

$$\frac{1}{2}a_Ct_r^2 = \frac{1}{2}\theta \tag{2.12}$$

变换得

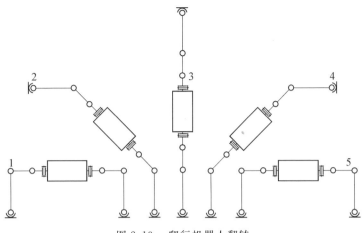

图 2.13　爬行机器人翻转

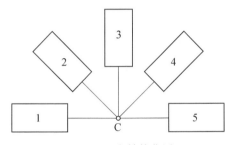

图 2.14　翻转简化图

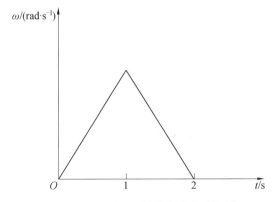

图 2.15　机器人翻转的角速度时间图

$$a_C = \theta / t_r^2 \qquad (2.13)$$

式中　a_C——A 处运动的角加速度，rad/s^2；

　　　t_r——翻转 $180°$ 所需时间的一半，s；

　　　θ——2 s 内总共翻转的角度，rad。

　将各数值代入式(2.13) 得

$$a_{\mathrm{C}} = \pi/1^2 = \pi(\mathrm{rad/s^2}) \tag{2.14}$$

由分析可知

$$ma_{\mathrm{C}}\left(\frac{W}{2} + L_{\mathrm{L}} + L_{\mathrm{C}} + L_{\mathrm{T}}\right) = \frac{4T_{\mathrm{C}}'}{\dfrac{W}{2} + L_{\mathrm{L}} + L_{\mathrm{C}} + L_{\mathrm{T}}} \tag{2.15}$$

整理得

$$T_{\mathrm{C}}' = \frac{1}{4} ma_{\mathrm{C}}\left(\frac{W}{2} + L_{\mathrm{L}} + L_{\mathrm{C}} + L_{\mathrm{T}}\right)^2 \tag{2.16}$$

将各数值代入式(2.16)得

$$T_{\mathrm{C}}' = \frac{1}{4} \times 5 \times \pi \times \left(\frac{0.080}{2} + 0.006 + 0.043 + 0.023\right)^2 = 0.049\,(\mathrm{N \cdot m})$$

C 处需要的转矩取较大值,所以

$$T_{\mathrm{C}} = 0.049\,(\mathrm{N \cdot m})$$

经过本节计算得出 A、B、C 处所需要的转矩分别为 0.003 3 N·m、0.043 N·m、0.049 N·m。上述计算中都存在一些近似的计算,为此引入一个安全系数 S,S 取值为 1.5,则 A、B、C 三处所需的转矩分别为 0.005 N·m、0.065 N·m、0.074 N·m。

按照爬行机器人所需的扭矩以及相关尺寸,选用相应电机对相关关节进行驱动,USR30－B 电机选型结果如图 2.16 所示,其具体尺寸如图 2.17 所示,图 2.17 中 h7 代表 7 级公差,h 代表下偏差是 0 的基本偏差。

图 2.16 USR30－B 电机选型结果

由图 2.16 和图 2.17 可知,爬行机器人两腿之间的间距为 40 mm,当正常安装时,两腿间的间距太小,每次爬行的距离太短。为了使爬行机器人的步距能够更大,即加装完电机的腿不能太粗,需要对电机轴进行一定的改进,选用 USR30－B 电机,电机轴在原来的长度上缩短 4 mm,利用电机轴直接驱动连杆。图 2.18 所示为加装电机模型。

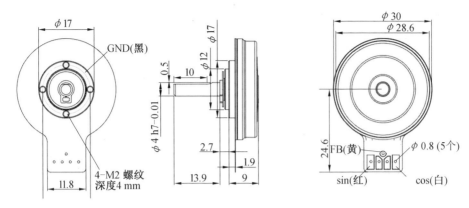

图 2.17　USR30－B 电机具体尺寸(单位:mm)

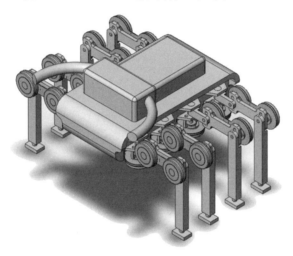

图 2.18　加装电机模型

2.3　机器人步态分析

巡游机器人的步态是指其每条腿(足)按一定的顺序和轨迹进行爬行的运动过程,该运动过程实现了机器人的步行运动。首先对机器人足端步态进行规划,然后进行运动学建模,确定其足端运动与各个关节运动的关系,当已知足端步态的运动轨迹时,通过逆运动学求解即可以得到关节的期望路径。机器人按照关节期望的运动路径驱动各个关节,完成行走过程。下面对机器人的运动功能做进一步的分析,以检验机器人能否满足预期的功能。

（1）蠕动运动。

机器人的四个足吸附，另外四个足释放，抬起腿向前伸展，各关节旋转运动，直到足触觉传感器接触平面，等待四个足均接触并黏附后，抬起先前的四个足，向前迈步。

（2）翻转运动。

首先，机器人一侧的四个足平行放置并黏附，另外一侧四个足释放，以黏附侧的四个足关节为轴整体转动，接着再以另一侧足触觉传感器接触平面为准，然后重复前面的翻转动作。

（3）凹过渡。

凹过渡运动是指当两个表面的相对位置在 $0° \sim +135°$ 之内时，机器人从一个表面移动到另一个表面的运动功能。机器人进行凹过渡运动时，既可采用蠕动的方式，又可采用翻转的方式。

（4）凸过渡。

凸过渡运动是指当两个表面的相对位置在 $-135° \sim 0°$ 之内时，机器人从一个表面移动到另一个表面的运动功能。机器人进行凸过渡运动时，同样也是既可采用蠕动的方式，又可采用翻转的方式。

2.3.1　步态蠕动规划

稳定裕度是判定机器人运动稳定性好坏的关键指标。爬行机器人的稳定裕度是指，机器人的质心在各支撑腿所构成平面上的垂直投影点到各支撑腿所构成三角形三条边的最短距离。稳定裕度值越大，机器人运动越平稳。经分析验证，该稳定裕度概念同样适用于空间爬行机器人。

爬行机器人的步态一般分为静步态和动步态，在任何时刻机器人至少有 3 条腿着地的步态称为静步态；否者则称为动步态。为了保证空间爬行机器人能够稳定爬行，本书对其静步态进行规划，在保证其稳定裕度的同时，设计机器人身体前进运动与迈腿运动同时进行，以克服地面爬行机器人常见的运动缓慢及效率低下等问题，从而使机器人能够高效快速地爬行。图 2.19 所示为爬行机器人的步态，其中，中间的长方体代表机器人本体，其几何中心为机器人质心位置，1 ～ 8 代表八条腿。图 2.19(a) 所示为调整爬行初始位置；当 1、3、6、8 四腿抬起时，调整爬行步态初始位置如图 2.19 (b) 所示，此时，机器人有四条腿附着在表面上，机器人本体并不会移动或倾斜；然后迈 1、3、6、8 四条腿，在迈腿的同时，2、4、5、7 四条腿的髋偏航关节转动，身体前移，完成第一个步态周期，移动至图 2.19(c) 位置；1、3、6、8 四条腿放下，八条腿落地如图 2.19(d) 所示；图 2.19(e) 中，2、4、5、7 四条腿抬起，准备前进；图 2.19(f) 中迈 2、4、5、7 四条腿，在迈腿的同时，1、3、6、8 四条腿的髋偏航关节转动，身体前移；图 2.19(g) 中 2、4、5、7 四条腿放下,附着在地面,完成第二个步态周期,这样机器人就能稳定地行走了。

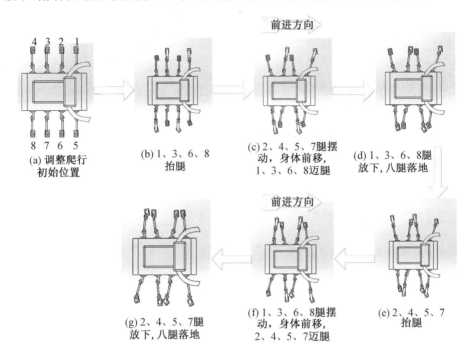

图 2.19　爬行机器人的步态

2.3.2　步态翻转规划

爬行机器人的翻转如图 2.20 所示,利用一侧四条腿的髋俯仰关节和膝俯仰关节进行翻转,配合另一侧的髋俯仰关节和膝俯仰关节的旋转,就可以完成一次翻转,此时维修模块在底部。再进行一次相同的翻转,即可以完成两次翻转,这样就可以进行后续的作业了。

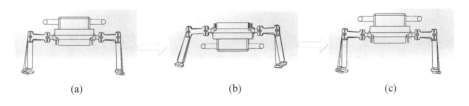

图 2.20　爬行机器人的翻转

2.4   机器人运动学特征

2.4.1   站立腿运动学计算

图 2.21 所示为空间爬行机器人站立腿示意图。图中,A_i 代表站立腿的立足点;B_i 代表机器人机体臀关节的连接点;$l_j(j=1,2,\cdots,5)$ 代表第 j 个连杆的长度,其中,l_1、l_2 和 l_3 属于平面连杆机构;ϕ_i、φ_i 和 χ_i 代表驱动关节的位置(角度),而 ε_i、δ_i 和 θ_i 代表被动关节的位置;$\sum_O(O-XYZ)$ 代表固定在地面上的参考坐标系;而 $\sum_{B_i}(B_i-xyz)$ 代表固定在臀关节 B_i 上并使旋转轴线和 z 轴重合的相对坐标系;$^Op_{A_i}$ 和 $^Op_{B_i}$ 为 A_i 和 B_i 在参考坐标系 $\sum_O$ 中的位置向量。腿关节模型转化为互相正交的旋转关节 ε_i、δ_i 和 θ_i,以及两个连杆 l_4 和 l_5,一般而言,两者的长度为 0。

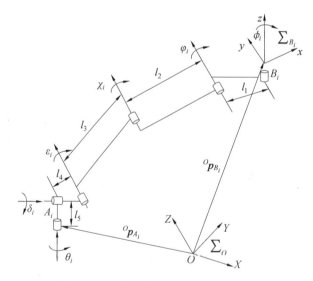

图 2.21   空间爬行机器人站立腿示意图

在笛卡儿坐标系中,任意质点的位置都可以用一个 3×1 的位置向量来表示,该质点到坐标原点的位置关系为

$$^A\boldsymbol{p} = \begin{bmatrix} p_x \\ p_y \\ p_z \end{bmatrix} \tag{2.17}$$

式中　　A——坐标系$\{A\}$；

　　　　$\boldsymbol{p}$——坐标系中的质点；

　　　　p_x、p_y、p_z——质点 $\boldsymbol{p}$ 在坐标系$\{A\}$中的三个坐标分量。

　　在笛卡儿坐标系中，表示刚体 B 在坐标系$\{A\}$中的方位，通常假设该刚体 B 固定连接一个笛卡儿坐标系$\{B\}$，刚体 B 在坐标系$\{A\}$中的方位就可以转化为坐标系$\{B\}$ 在坐标系$\{A\}$ 中的方位，通常用坐标系$\{B\}$ 的单位主向量 $[^A\boldsymbol{x}_B \quad ^A\boldsymbol{y}_B \quad ^A\boldsymbol{z}_B]$ 相对于坐标系$\{A\}$ 中的方向余弦来表示刚体 B 在坐标系$\{A\}$ 中的方位，即

$$^A_B\boldsymbol{R} = \begin{bmatrix} ^A\boldsymbol{x}_B & ^A\boldsymbol{y}_B & ^A\boldsymbol{z}_B \end{bmatrix} = \begin{bmatrix} r_{11} & r_{12} & r_{13} \\ r_{21} & r_{22} & r_{23} \\ r_{31} & r_{32} & r_{33} \end{bmatrix} \tag{2.18}$$

式(2.18)中旋转矩阵$^A_B\boldsymbol{R}$ 为 3×3 的正交矩阵。

　　为了完全描述刚体 B 相对于坐标系$\{A\}$ 的位姿，通常用 3×1 的列向量表示该刚体固结坐标系$\{B\}$原点相对于坐标系$\{A\}$的位置向量，用一个 3×3 的矩阵表示该刚体固结坐标系$\{B\}$相对坐标系$\{A\}$姿态的旋转矩阵。完整的位姿矩阵是将位置向量和旋转位姿矩阵相结合构成一个 4×4 的齐次变换矩阵：

$$^A_B\boldsymbol{T} = \begin{bmatrix} ^A_B\boldsymbol{R} & ^A\boldsymbol{p}_B \\ 0 & 1 \end{bmatrix} \tag{2.19}$$

　　齐次变换矩阵可以完整描述刚体坐标系$\{B\}$在机器人坐标系$\{A\}$中的位姿，通过齐次变换矩阵可以实现任意两坐标系之间的位姿变换，齐次变换也可以由平动齐次变换和旋转齐次变换导出，即

$$\begin{bmatrix} ^A_B\boldsymbol{R} & ^A\boldsymbol{p}_B \\ 0 & 1 \end{bmatrix} = \begin{bmatrix} \boldsymbol{I}_3\times3 & ^A\boldsymbol{p}_B \\ 0 & 1 \end{bmatrix}\begin{bmatrix} ^A_B\boldsymbol{R} & 0 \\ 0 & 1 \end{bmatrix} \tag{2.20}$$

式中　　$\boldsymbol{I}_3\times3$——3×3 阶单位矩阵。

　　对于图 2.21 所示的站立腿，如果初始$\sum B_i$ 与$\sum_O$ 重合，然后从 A_i 到 B_i 进行平移和旋转变换，通过以下齐次变换可以得到$\sum B_i$ 最后的姿态为

$$\boldsymbol{T}_{B_i} = \text{trans}(^O x_{A_i}, {}^O y_{A_i}, {}^O z_{A_i})\text{rot}(z, \theta_i)\text{trans}(0,0,l_5) \times$$

$$\text{trans}(l_4,0,0)\text{rot}(y,\varepsilon_i)\text{trans}(0,0,l_3) \times$$

$$\mathrm{rot}(y,\chi_i)\mathrm{trans}(0,0,l_2)\mathrm{rot}(y,\varphi_i)\mathrm{trans}(0,0,l_1)\mathrm{rot}(y,-\frac{\pi}{2})\mathrm{rot}(z,\phi_i)$$

$$(2.21)$$

式中　$({}^{O}x_{A_i},{}^{O}y_{A_i},{}^{O}z_{A_i})$——$A_i$ 在 $\sum_O$ 中的位置坐标。

展开式(2.21),可以得到

$$T_{B_i}=\begin{bmatrix}\boldsymbol{R}_{B_i}&{}^{O}\boldsymbol{p}_{B_i}\\0&1\end{bmatrix}=\begin{bmatrix}r_{11}^{i}&r_{12}^{i}&r_{13}^{i}&{}^{O}x_{B_i}\\r_{21}^{i}&r_{22}^{i}&r_{23}^{i}&{}^{O}y_{B_i}\\r_{31}^{i}&r_{32}^{i}&r_{33}^{i}&{}^{O}z_{B_i}\\0&0&0&1\end{bmatrix}\qquad(2.22)$$

式中

$r_{11}^{i}=\cos\theta_i\sin(\varepsilon_i+\chi_i+\varphi_i)\cos\phi_i+\sin\theta_i\sin\delta_i\cos(\varepsilon_i+\chi_i+\varphi_i)\cos\phi_i-\sin\theta_i\cos\delta_i\sin\phi_i$

$r_{12}^{i}=-\cos\theta_i\sin(\varepsilon_i+\chi_i+\varphi_i)\sin\phi_i-\sin\theta_i\sin\delta_i\cos(\varepsilon_i+\chi_i+\varphi_i)\sin\phi_i-\sin\theta_i\cos\delta_i\cos\phi_i$

$r_{13}^{i}=-\cos\theta_i\cos(\varepsilon_i+\chi_i+\varphi_i)+\sin\theta_i\sin\delta_i\sin(\varepsilon_i+\chi_i+\varphi_i)$

$r_{21}^{i}=\sin\theta_i\sin(\varepsilon_i+\chi_i+\varphi_i)\cos\phi_i-\cos\theta_i\sin\delta_i\cos(\varepsilon_i+\chi_i+\varphi_i)\cos\phi_i+\cos\theta_i\cos\delta_i\sin\phi_i$

$r_{22}^{i}=-\sin\theta_i\sin(\varepsilon_i+\chi_i+\phi_i)\sin\varphi_i+\cos\theta_i\sin\delta_i\cos(\varepsilon_i+\chi_i+\varphi_i)\sin\phi_i+\cos\theta_i\cos\delta_i\cos\phi_i$

$r_{23}^{i}=-\sin\theta_i\cos(\varepsilon_i+\chi_i+\varphi_i)-\cos\theta_i\sin\delta_i\sin(\varepsilon_i+\chi_i+\varphi_i)$

$r_{31}^{i}=\sin\delta_i\sin\phi_i+\cos\delta_i\cos(\varepsilon_i+\chi_i+\varphi_i)\cos\phi_i$

$r_{32}^{i}=\sin\delta_i\cos\phi_i-\cos\delta_i\cos(\varepsilon_i+\chi_i+\varphi_i)\sin\phi_i$

$r_{33}^{i}=\cos\delta_i\sin(\varepsilon_i+\chi_i+\varphi_i)$

${}^{O}x_{B_i}={}^{O}x_{A_i}+l_4\cos\theta_i+l_3\cos\theta_i\sin\delta_i+l_3\sin\theta_i\sin\delta_i\cos\varepsilon_i+l_2\cos\theta_i\sin(\varepsilon_i+\chi_i)+l_2\sin\theta_i\sin\delta_i\cos(\varepsilon_i+\chi_i)+l_1\cos\theta_i\sin(\varepsilon_i+\chi_i+\varphi_i)+l_1\sin\theta_i\sin\delta_i\cos(\varepsilon_i+\chi_i+\varphi_i)$

${}^{O}y_{B_i}={}^{O}y_{A_i}+l_4\sin\theta_i+l_3\sin\theta_i\sin\varepsilon_i-l_3\cos\theta_i\sin\delta_i\cos\varepsilon_i+l_2\sin\theta_i\sin(\varepsilon_i+\chi_i)-l_2\cos\theta_i\sin\delta_i\cos(\varepsilon_i+\chi_i)+l_1\sin\theta_i\sin(\varepsilon_i+\chi_i+\varphi_i)-l_1\cos\theta_i\sin\delta_i\cos(\varepsilon_i+\chi_i+\varphi_i)$

${}^{O}z_{B_i}={}^{O}z_{A_i}+l_5+l_3\cos\delta_i\cos\varepsilon_i+l_2\cos\theta_i\cos(\varepsilon_i+\chi_i)+l_1\cos\delta_i\cos(\varepsilon_i+\chi_i+\varphi_i)$

图 2.22 所示为具有三个驱动关节的摆动腿巡游示意图,摆动腿的正运动学

问题就是根据机器人机体的位姿 $^O\boldsymbol{p}_{B_i}$、$\boldsymbol{R}_{B_i}$ 和腿的驱动关节变量，来确定机器人的足在 $\sum_O$ 中的位置 $^O\boldsymbol{p}_{A_i}$。

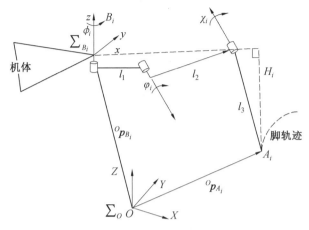

图 2.22   具有三个驱动关节的摆动腿巡游示意图

根据图 2.22，可以得出

$$^O\boldsymbol{p}_{A_i} = {}^O\boldsymbol{p}_{B_i} + \boldsymbol{R}_{B_i}{}^B\boldsymbol{p}_{A_i} \tag{2.23}$$

$$\begin{bmatrix} ^B x_{A_i} \\ ^B y_{A_i} \\ ^B z_{A_i} \end{bmatrix} = \begin{bmatrix} L_i \cos(\pi - \phi_i) \\ L_i \sin(\pi - \phi_i) \\ -H_i \end{bmatrix} \tag{2.24}$$

由上述内容可得，A_i 在 $\sum_O$ 中的位置坐标为

$$
\begin{cases}
^O x_{A_i} = {}^O x_{B_i} - [l_1 + l_2 \cos \varphi_i + l_3 \cos(\varphi_i + \chi_i)](r_{11}^i \cos \phi_i - r_{12}^i \sin \phi_i) - \\
\qquad r_{13}^i [l_2 \sin \varphi_i + l_3 \sin(\varphi_i + \chi_i)] \\
^O y_{A_i} = {}^O y_{B_i} - [l_1 + l_2 \cos \varphi_i + l_3 \cos(\varphi_i + \chi_i)](r_{21}^i \cos \phi_i - r_{22}^i \sin \phi_i) - \\
\qquad r_{23}^i [l_2 \sin \varphi_i + l_3 \sin(\varphi_i + \chi_i)] \\
^O z_{A_i} = {}^O z_{B_i} - [l_1 + l_2 \cos \varphi_i + l_3 \cos(\varphi_i + \chi_i)](r_{31}^i \cos \phi_i - r_{32}^i \sin \phi_i) - \\
\qquad r_{33}^i [l_2 \sin \varphi_i + l_3 \sin(\varphi_i + \chi_i)]
\end{cases}
$$

$$\tag{2.25}$$

由于爬行机器人任意瞬时类似于具有冗余驱动的并联机器人，这里根据"地面 — 腿脚 — 机体"运动链，利用解析方法分析了爬行机器人冗余驱动问题及正运动学的位置解。

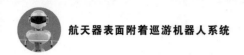

2.4.2　爬行机器人逆运动学计算

根据步态轨迹确定爬行机器人驱动关节控制变量的过程就是逆运动学的计算过程，此时，爬行机器人被视为一个整体运动链系统，根据其机体的位姿$^{O}\boldsymbol{p}_c$和$\boldsymbol{R}_c$以及站立腿的立足点$^{O}\boldsymbol{p}_{A_i}(i=J,K,L)$和摆动腿足的轨迹$^{O}\boldsymbol{p}_{A_i}$来确定机器人的关节变量$\phi_i$、$\varphi_i$、$\chi_i(i=J,K,L)$。根据上节推导的公式，可得出

$$\begin{cases} {}^{B}x_{A_i}=r_{11}^i({}^{O}x_{A_i}-{}^{O}x_c)+r_{21}^i({}^{O}y_{A_i}-{}^{O}y_c)+r_{31}^i({}^{O}z_{A_i}-{}^{O}z_c)-{}^{O}x_{B_i} \\ {}^{B}y_{A_i}=r_{12}^i({}^{O}x_{A_i}-{}^{O}x_c)+r_{22}^i({}^{O}y_{A_i}-{}^{O}y_c)+r_{32}^i({}^{O}z_{A_i}-{}^{O}z_c)-{}^{O}y_{B_i} \\ {}^{B}z_{A_i}=r_{13}^i({}^{O}x_{A_i}-{}^{O}x_c)+r_{23}^i({}^{O}y_{A_i}-{}^{O}y_c)+r_{33}^i({}^{O}z_{A_i}-{}^{O}z_c)-{}^{O}z_{B_i} \end{cases}$$

$$(2.26)$$

整体机器人的逆运动学还可以类推到任意多条腿的情形。

2.4.3　爬行机器人动力学模型

考虑由n个质量体和l个关节组成的运动链机构系统。由摩擦力、重力、执行器及外部环境和约束作用分别对各质量体施加力和转矩。于是质量体S_i上的牛顿－欧拉方程可写为

$$\boldsymbol{W}_i^l+\boldsymbol{W}_i^n=\boldsymbol{Z}_i\dot{\Lambda}_i+\overline{\boldsymbol{\omega}}_i\boldsymbol{Z}_i\Lambda_i \qquad (2.27)$$

式中　$\boldsymbol{W}_i^l$——$6l$维广义约束力向量；

$\boldsymbol{W}_i^n$——$6n$维广义作用力（包括重力、摩擦力、外力、驱动力等）；

Λ_i——广义速度；

$\boldsymbol{Z}_i$、$\overline{\boldsymbol{\omega}}_i$——$6\times6$阶增广质量矩阵和增广角速度矩阵。

$\boldsymbol{Z}_i$和$\overline{\boldsymbol{\omega}}_i$分别定义为

$$\boldsymbol{Z}_i=\begin{bmatrix} m_i\boldsymbol{I}_{3\times3} & 0 \\ 0 & \boldsymbol{J}_i \end{bmatrix} \qquad (2.28)$$

$$\overline{\boldsymbol{\omega}}_i=\begin{bmatrix} \widetilde{\boldsymbol{\omega}}_i & 0 \\ 0 & 0 \end{bmatrix} \qquad (2.29)$$

式中　m_i、$\boldsymbol{J}_i$——S_i的质量和惯性矩阵；

$\boldsymbol{I}_{3\times3}$——单位矩阵；

$\widetilde{\boldsymbol{\omega}}_i$——相应的反对称角速度矩阵。

$\widetilde{\boldsymbol{\omega}}_i$定义为

$$\widetilde{\boldsymbol{\omega}}_i = \begin{bmatrix} 0 & -\omega_z & \omega_y \\ \omega_z & 0 & -\omega_x \\ -\omega_y & \omega_x & 0 \end{bmatrix} \tag{2.30}$$

所以有如下系统动力学方程：

$$\boldsymbol{W}^l + \boldsymbol{W}^n = \boldsymbol{Z}\dot{\Lambda} + \overline{\boldsymbol{\omega}}\boldsymbol{Z}\Lambda \tag{2.31}$$

式中

$$\begin{cases} \boldsymbol{W}^l = [\boldsymbol{W}_1^{l\,\mathrm{T}} & \boldsymbol{W}_2^{l\,\mathrm{T}} & \cdots & \boldsymbol{W}_n^{l\,\mathrm{T}}]^{\mathrm{T}} \\ \boldsymbol{W}^n = [\boldsymbol{W}_1^{n\,\mathrm{T}} & \boldsymbol{W}_2^{n\,\mathrm{T}} & \cdots & \boldsymbol{W}_l^{n\,\mathrm{T}}]^{\mathrm{T}} \\ \boldsymbol{Z} \equiv \mathrm{diag}(Z_1 & Z_2 & \cdots & Z_n) \\ \overline{\boldsymbol{\omega}} \equiv \mathrm{diag}(\overline{\omega}_1 & \overline{\omega}_2 & \cdots & \overline{\omega}_n) \end{cases} \tag{2.32}$$

2.4.4　完整约束方程

考虑机构系统运动学问题，可以得出包含 $6n$ 个未知变量（质量体 S_i 的绝对线速度和角速度）的 $6l$ 个方程。在这 $6l$ 个方程中，有 $6l - \sum\limits_{i=1}^{l} f_i$ 个方程是零空间项，其中 f_i 为第 i 个关节的自由度数，则系统运动学约束关系为

$$\boldsymbol{\Gamma}\Lambda = \boldsymbol{0} \tag{2.33}$$

式中　　$\boldsymbol{\Gamma}$——$6n \times 6n$ 阶矩阵；

Λ——广义速度。

式（2.33）的秩为

$$r = 6l - \sum_{i=1}^{l} f_i \tag{2.34}$$

由式（2.32）推导出以拉格朗日乘子向量函数形式表示的广义约束力向量为

$$\boldsymbol{W}^l = \boldsymbol{\Gamma}\lambda \tag{2.35}$$

式中　　λ——d 维向量，d 为驱动关节个数。

2.4.5　关节空间运动变换

式（2.31）所示的系统动力学模型必须在关节空间内显函地确定，并且必须只包含驱动关节变量 θ_1，所以须在关节空间内进行下述运动学变换：

$$\Lambda = \boldsymbol{T}\dot{\theta}_1 \tag{2.36}$$

式中　　$\dot{\theta}_1$——d 维驱动关节的速度变量；

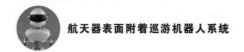

T——转换矩阵。

对于闭环运动链机构,由于式(2.36)中包含 $l-d$ 个被动关节变量 θ_D,为确定这些变量,采用以下约束方程:

$$f(\boldsymbol{\theta}) = 0 \tag{2.37}$$

式中　$\boldsymbol{\theta}$——重组驱动和被动关节变量之后的 l 维向量。

$$\boldsymbol{\theta} = \begin{bmatrix} \theta_I & \theta_D \end{bmatrix}^T \tag{2.38}$$

将式(2.37)对时间求导得

$$\begin{bmatrix} J_i & J_d \end{bmatrix} \begin{bmatrix} \dot{\theta}_I \\ \dot{\theta}_D \end{bmatrix} = \boldsymbol{0} \tag{2.39}$$

则 $\dot{\theta}_D$ 可由式(2.39)推导得

$$\dot{\theta}_D = -J_d^{-1} J_i \dot{\theta}_I = H\dot{\theta}_I \tag{2.40}$$

对式(2.36)求导得

$$\dot{\Lambda} = \dot{\boldsymbol{T}}\dot{\theta}_I + \boldsymbol{T}\ddot{\theta}_I \tag{2.41}$$

根据式(2.36)和式(2.41),可以获得在关节空间中的系统动力学模型,经过变换得

$$\boldsymbol{F}_m = \boldsymbol{I}(\theta_I)\dot{\theta}_I + \boldsymbol{C}(\theta_I, \dot{\theta}_I)\dot{\theta}_I - \boldsymbol{F}_f - \boldsymbol{F}_g \tag{2.42}$$

式中　$\boldsymbol{I}$——$d \times d$ 阶广义惯性矩阵;

　　　$\boldsymbol{C}(\theta_I, \dot{\theta}_I)$——$d \times d$ 阶包含离心力和哥氏力的矩阵;

　　　$\boldsymbol{F}_m$——d 维广义驱动力向量;

　　　$\boldsymbol{F}_f$——d 维广义摩擦力向量;

　　　$\boldsymbol{F}_g$——d 维广义重力向量。

2.4.6　动力学模型

爬行机器人机构简化为由矩形体与八条腿的连接构成,每条腿由多个连杆和足构成,足末端与腿之间使用球绞连接。机器人的步行过程概括了"腿提起 — 腿摆动 — 腿落下"的运动序列,在每个不同的运动序列阶段,动力学模型可以由如下形式表达:

$$\boldsymbol{\tau}_i = \boldsymbol{h}_i(\theta_i)\ddot{\theta}_i + \boldsymbol{H}_i(\theta_i, \dot{\theta}_i), \quad i = 1, 2, \cdots, q \tag{2.43}$$

式中　q——该步行运动序列中广义变量的数目;

　　h_i—— 机器人的 $q \times q$ 阶惯性矩阵；

　　H_i—— q 维包含哥氏力、向心力和重力的向量；

　　τ_i—— q 维广义关节力矩向量。

　　在不同的步行阶段，爬行机器人的动力学模型可以表达为

$$\tau = h(\boldsymbol{\theta})\ddot{\theta}_i + H(\boldsymbol{\theta}, \dot{\theta}_i) \tag{2.44}$$

式中　　h、$\boldsymbol{\theta}$ 和 H 表达式分别为

$$\begin{cases} \boldsymbol{h} \equiv \mathrm{diag}(h_1 \quad h_2 \quad \cdots \quad h_q) \\ \boldsymbol{\theta} = [\theta_1 \quad \theta_2 \quad \cdots \quad \theta_q]^{\mathrm{T}} \\ \boldsymbol{H} = [H_1 \quad H_2 \quad \cdots \quad H_q]^{\mathrm{T}} \end{cases} \tag{2.45}$$

第 3 章

仿生在轨装配攀附结构设计

本章详细介绍仿生在轨装配攀附结构设计,包括列举自然界中的攀附结构、介绍长戟大兜虫附着机理及仿生附节研究,作为后续实验验证的基础,还以柔体研究对象为六边形单元进行在轨组装柔性负载振动抑制控制研究。

3.1　自然界中的攀附结构

由于空间的在轨装配对象为大型、超大型结构,其体积往往是装配机器人体积的数百倍以上。因此从以小机器人带动大构件的设计灵感出发,有学者调研了世界上力气最大的动物。按照能够举起自身体重倍数大小进行排序,排除自身结构坚硬但无搬运能力的动物,世界上力气最大的动物分别是,犀金龟840倍、切叶蚁 50 倍、大猩猩 10 倍。

犀金龟外壳非常坚硬,可以承载相当于自身质量 840 倍的重物,和人类进行类比就是一个成年人需要去拉动 9 头成年的公象。图 3.1 所示为犀金龟。

图 3.1　犀金龟

切叶蚁的肌肉和下颚骨非常发达,可以承受相当于身自质量 50 倍的重物。图 3.2 所示为切叶蚁。

黑猩猩能举起相当于自身质量 10 倍的重物。图 3.3 所示为黑猩猩。

零件级在轨装配需要机器人在桁架表面稳定地移动,基于这点选择了结构上最具有研究价值的犀金龟科,进一步选择世界上最大的甲虫 —— 长戟大兜虫作为研究对象。

长戟大兜虫能举起自身质量 840 倍的重物,其身体各部分都具有一定的研究价值。其中最特殊的是头上的长角,其主要部分包括头角(cephalic horn)和胸角

图 3.2　切叶蚁

图 3.3　黑猩猩

（thoracic horn）。与常规认知不同的是，长戟大兜虫胸角的位置在头角上面，胸角的长度更是头角的一倍有余，两角之间可自由开合，具有很高的咬合力，胸角尖端很锋利，可轻易刺穿其他昆虫的外壳。图 3.4 所示为长戟大兜虫长角构造示意图。

　　长戟大兜虫是六足生物，另一个值得关注的要点是其足部末端的跗节，可以起到在物体表面固定的作用，抑或是攀附作用。图 3.5 所示为长戟大兜虫足部基本构造。

　　长戟大兜虫能够变色的外表也是一个可以深究的研究点，作为在南美洲雨林环境下生活的昆虫，长戟大兜虫的外表可以随着环境湿度的变化进行变色。干燥环境和潮湿环境的颜色有着明显的区别。图 3.6 所示为长戟大兜虫外壳随湿度变化的颜色变化。

　　比利时的那慕尔大学针对长戟大兜虫的角质层做了一系列研究。该项目是由于观察到长戟大兜虫的干燥标本在干燥的环境下呈现卡其绿色，而在潮湿的环境下呈现黑色，这一现象让研究人员对湿度传感器的研究产生了兴趣而设立

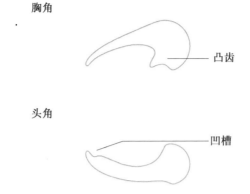

图 3.4　长戟大兜虫长角构造示意图

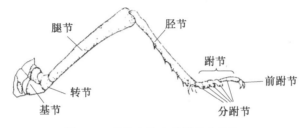

图 3.5　长戟大兜虫足部基本构造

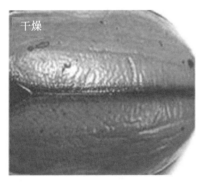

图 3.6　长戟大兜虫外壳随湿度变化的颜色变化

的。图 3.7 所示为正常环境和放在水中长戟大兜虫的颜色变化。

　　为了研究产生此现象的原因,那慕尔大学使用扫描电子显微镜(SEM,简称电镜)对长戟大兜虫的角质层进行扫描,获得了角质层的微观结构,图 3.8 所示为长戟大兜虫电镜扫描图。从电镜图上可以看出,表面的角质层蜡质有些许裂痕,将角质层脱离后可以看到下方的海绵状组织,在海绵状组织上存在一些黑色小块。

　　研究人员将这些海绵状组织和黑色小块称为纳米多孔结构,采用交替模板法制作了具有基于 3D 光子晶体的纳米孔结构,并进行了表面处理。湿度传感器

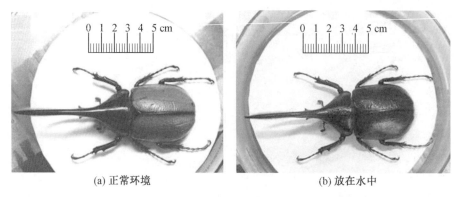

(a) 正常环境   (b) 放在水中

图 3.7　正常环境和放在水中长戟大兜虫的颜色变化

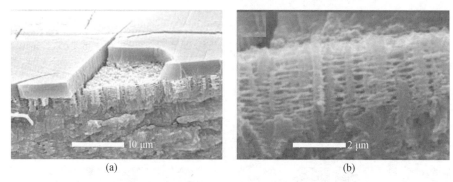

(a)   (b)

图 3.8　长戟大兜虫电镜扫描图

制成品的可见颜色随着环境湿度的增加，从蓝绿色变为红色。图 3.9 所示为长戟大兜虫表皮中的海绵状多体组织的 SEM 图像和仿制效果。

(a) 海绵状多体组织   (b) SEM 图像

图 3.9　长戟大兜虫表皮中的海绵状多体组织的 SEM 图像和仿制效果

　　为了测量样品的环境湿度，设计了定制的湿度室，以控制样品的湿度，并通过实时去除外部光源来帮助测量通过分叉光纤的反射光谱。分叉的光纤用于照亮样品并收集反向散射光。使用这种光纤,以垂直入射的反向散射构象进行测量,也就是说,光的入射垂直于样品表面,并且测量也垂直于样品表面。用高精度微型湿度 / 温度变送器测量湿度水平,并将其安装在湿度室中的样品附近。样品由白光源照射,使用与分叉光纤连接的光谱分析仪获取光谱数据。在关于这项研究的文章中,更着重叙述了长戟大兜虫标本微观结构的还原。

南洋理工大学开发了能够向后行走的长戟大兜虫 - 计算机混合腿式机器人如图 3.10 所示。自然脊柱仅在向前行走时会提供脚部牵引力,而不会向后提供脚部牵引力,研究人员设计了一条人造的腿部脊柱,它在行走时各向异性地起作用。将人工脊柱植入长戟大兜虫的腿中,增加了脚的牵引力,并实现了向前和向后的无滑动行走。为了进行这些研究,安装了无线通信设备或"背包",并将其连接到活的长戟大兜虫上,用电刺激腿部肌肉以远程调节腿部运动并按需执行向前和向后行走。长戟大兜虫混合机器人揭示了自然腿脊柱的各向异性功能,并实现了向后行走,这是自然界的长戟大兜虫无法实现的功能。

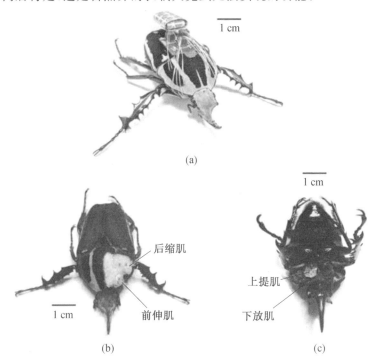

图 3.10　长戟大兜虫 - 计算机混合腿式机器人

3.2　长戟大兜虫附着机理及仿生附节研究

使用显微镜对长戟大兜虫标本的足部、跗节等微观结构进行生物特征观测，如图3.11所示。长戟大兜虫足部前端的爪部结构有明显的坚硬质感，尖端锋利，有2～3个指节。跗节连接处有明显的尖刺，色泽光亮，成倒刺状；长戟和肢体下端有数量较多、排列规则的绒毛结构，具有一定硬度。

图3.11　长戟大兜虫标本观测示意图

前跗节显微镜示意图如图3.12所示，从图中可以看出，跗节前端的前跗节色泽光亮，质感坚硬，尖端呈圆弧状，中部具有凹陷结构，可以承受更高的外力，尾部有数根倒刺具有一定弧度。前跗节在长戟大兜虫生物活动中起到固定支撑作用。

图3.12　前跗节显微镜示意图

使用高倍显微镜对跗节进行观测，与前跗节光滑表面不同，跗节表面质感粗糙，并存在若干大小不一的凹坑，在跗节间的连接处凹坑的数量明显增多，连接处同样存在着倒刺，但长度更长且并未呈现圆弧状，此处倒刺更多可对关节起到保护作用。图 3.13 所示为跗节显微镜示意图。

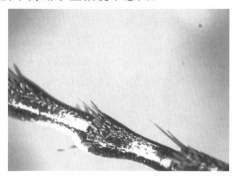

图 3.13   跗节显微镜示意图

接下来,对长戟大兜虫跗节表面的绒毛进行了观测,可以看出绒毛阵列排列整齐,绒毛结构具有一定的硬度,且数量较为密集,整体触碰有十分明显的硬物感。图 3.14 所示为绒毛显微镜示意图。

图 3.14   绒毛显微镜示意图

最后对长戟大兜虫的翅膀进行了观测,翅膀表面色泽光亮,反光效果明显,表面具有纹路并呈现出叶脉一样的走向。图 3.15 所示为翅膀表面显微镜示意图。

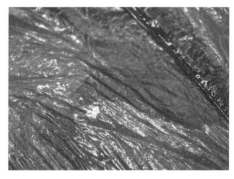

图 3.15   翅膀表面显微镜示意图

在对长戟大兜虫生物体中具有特点的数个部位进行观测,并进行特征分析后,选择了跗节作为接下来的研究对象。跗节在长戟大兜虫的爬行、抓取重物、物体表面附着、感知、自卫等运动中起到重要作用。

对长戟大兜虫标本进行扫描和三维建模得到如图 3.16 所示的三维模型,图中分别为扫描模型和 SolidWorks 模型。

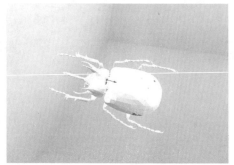

(a) 扫描模型　　　　　　　　　　(b) SolidWorks 模型

图 3.16　　长戟大兜虫三维模型

长戟大兜虫跗节呈骨节状,前端弧度明显呈爪状,尖端锐利,骨节连接处有明显的倒刺,具有较为灵活的自由度。

在对长戟大兜虫跗节的三维建模过程中,使用曲面设计,等比例还原了各个跗节和前跗节的尺寸大小,同时增加了表面的凹陷结构和倒刺等生物特征,设计了各关节之间的连接自由度,得到一条腿上的各跗节结构装配体。图 3.17 所示为单腿各跗节三维模型。

图 3.17　　单腿各跗节三维模型

在机械系统动力学分析软件(ADAMS)上,采用不同表面的平板作为研究对象,对不同的接触力进行分析。研究过程中分别采用光滑平板、波纹平板、凸起平板三种不同表面,使跗节模型在平板表面运动,其仿真示意图如图 3.18 所示。

三种平板表面上跗节运动过程的仿真得到的表面接触力变化曲线如图3.19 所示。

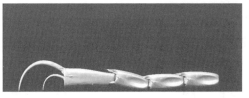
(a) 光滑平板

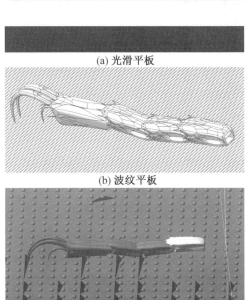
(b) 波纹平板

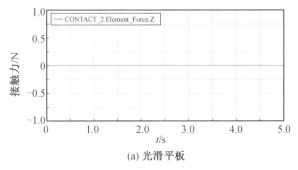
(c) 凸起平板

图 3.18　三种平板表面上蚓节运动的仿真示意图

考虑到前蚓节尖端的锋利程度可能会在实际情况中造成平板表面的变形，拟采用仿真软件 MotionSolve 对此种情况进行仿真计算，得到的仿真模型及接触力曲线如图 3.20 所示。

(a) 光滑平板

图 3.19　三种平板表面上蚓节运动的接触力变化曲线

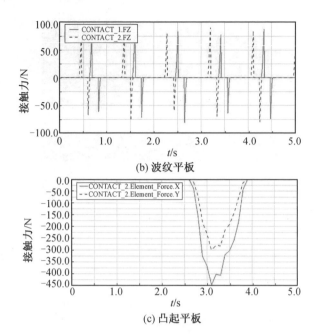

(b) 波纹平板

(c) 凸起平板

续图 3.19

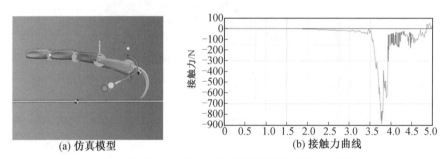

(a) 仿真模型   (b) 接触力曲线

图 3.20 MotionSolve 跗节仿真模型及接触力曲线

最后,根据设计好的三维模型得到的跗节实体模型如图 3.21 所示,其可作为后续实验验证的基础。

图 3.21 跗节实体模型

3.3　在轨组装柔性负载振动抑制控制研究

本节的柔性体研究对象六边形单元具有规则的正六边形形状,因此将作为载荷的六边形单元设置为柔性体进行分析。对得到的柔性体进行了不同阶数的模态分析,查看模态振型,筛选不满足条件的振型令其失效,图 3.22 所示为 15 阶模态下六边形单元柔性体的振型。

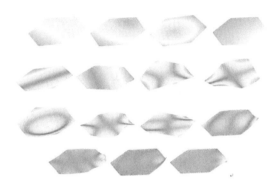

图 3.22　15 阶模态下六边形单元柔性体的振型

巡游过程包括在轨组装机器人的无负载巡游和有负载巡游两个阶段。本书采取的是在 SolidWorks 软件里进行三维设计,然后将模型导入 ADAMS 中的方式建立机器人的动力学模型。

本书采用 Step 函数实现在 ADAMS 中的驱动控制,利用 Step 函数可以使机器人关节在运动路径上保证速度与位移的连续性,代替用户完成了对机器人运动节点处出现运动参数不连续而需要进行平滑插值处理的工作。

对于机器人整个运动过程的规划,首先是起身动作,然后是起步动作,进入第一个步态循环周期,重复若干次步态循环周期之后步行过程中止,模拟过程结束,整个模拟过程持续 18 s,得到在 ADAMS 中的第一阶段动力学仿真过程如图 3.23 所示。

对有负载巡游运动进行动力学仿真的过程中,由于六边形单元相比于在轨组装机器人的面积要大数十倍乃至数百倍,在机器人巡游的过程中,六边形单元会产生摇动,因此不能将六边形单元视为纯刚性体进行分析,要充分考虑到单元的柔性特征。在轨组装机器人第二阶段 ADAMS 示意图如图 3.24 所示。

在不同的机械系统中,由于构件的弹性变形将会影响到系统的运动学、动力学特性,考虑到对分析结果的精度要求,必须要把系统中的部分构件处理成实际

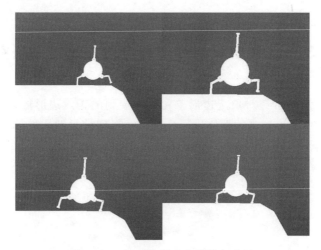

图 3.23　第一阶段动力学仿真过程

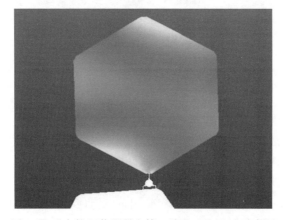

图 3.24　在轨组装机器人第二阶段 ADAMS 示意图

的可变形柔性体。ADAMS 中柔性体的处理,通常适用于变形小于该部件特征长度 10% 的小变形情况。

图 3.25 所示为机器人巡游过程示意图。

在 18 s 的整个仿真过程中共完成了 4 个单腿周期共两组巡游动作,对其中一条运动腿的大腿和小腿的位置变化进行了数据采集,单腿运动轨迹曲线如图3.26 所示。

在装配过程中,由于负载的六边形单元为柔性体,机器人会受到来自六边形单元不断变化的作用力,从而产生受力和位移的变化,因此需要重新构建机器人的动力学模型。

拉格朗日计算方法是通过对机器人系统中做功与能量的分析研究来对机器人力学问题进行解答。在使用拉格朗日计算方法时,可以不考虑机器人系统里

图 3.25　机器人巡游过程示意图

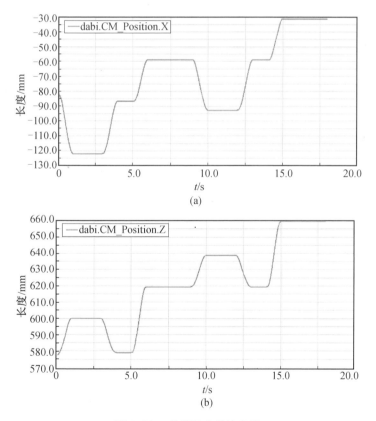

(a)

(b)

图 3.26　单腿运动轨迹曲线

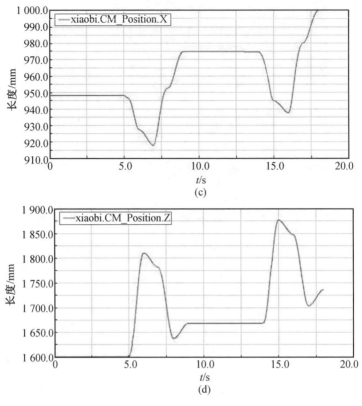

续图 3.26

的约束力,只考虑来自外部的约束力,并且可以任意建立坐标系。

拉格朗日方程的一般性表达形式为

$$\frac{\mathrm{d}}{\mathrm{d}t}\left[\frac{\partial L}{\partial \dot{\theta}_1}\right] - \frac{\partial L}{\partial \theta_1} = Q_i, \quad i = 1, 2, \cdots, m \tag{3.1}$$

式中　L——用 K、P 表示的拉格朗日函数,K 的物理意义是动能,P 的物理意义是势能;

　　　Q_i——广义力,此力不含有势能,确定这个力的方法是,求出系统里非保守力做的虚功,从而确定这个力;

　　　m——系统本身自由度的数目。

首先计算机器人的动能,以其中一条运动腿为研究对象,在机器人的第 i 条运动腿建立坐标系 $\{L_i\}$,那么第 i 条运动腿所具有的速度为

$$v_i^B = J_i^B(\theta)\dot{\theta} \tag{3.2}$$

第 i 条运动腿所具有的动能为

$$T_i(\theta,\dot{\boldsymbol{\theta}}) = \frac{1}{2}(\boldsymbol{V}_i^B)^{\mathrm{T}}\boldsymbol{N}_i^B\boldsymbol{V}_i^B$$

$$= \frac{1}{2}\left[(\boldsymbol{J}_i^B(\theta)\dot{\theta})^{\mathrm{T}}\boldsymbol{N}_i^B\right]\boldsymbol{J}_i^B(\theta)\dot{\boldsymbol{\theta}}$$

$$= \frac{1}{2}\left[\dot{\boldsymbol{\theta}}^{\mathrm{T}}(\boldsymbol{J}_i^B(\theta))^{\mathrm{T}}\boldsymbol{N}_i^B\right]\boldsymbol{J}_i^B(\theta)\dot{\boldsymbol{\theta}} \tag{3.3}$$

转移到惯性坐标系里面讨论，则描述第 i 条运动腿的动能为

$$T_i(\theta,\dot{\boldsymbol{\theta}}) = \frac{1}{2}(\boldsymbol{V}_i^S)^{\mathrm{T}}\boldsymbol{N}_i^S\boldsymbol{V}_i^S$$

$$= \frac{1}{2}\left[(\boldsymbol{J}_i^S(\theta)\dot{\boldsymbol{\theta}})^{\mathrm{T}}\boldsymbol{N}_i^S\right]\boldsymbol{J}_i^S(\theta)\dot{\boldsymbol{\theta}}$$

$$= \frac{1}{2}\dot{\boldsymbol{\theta}}^{\mathrm{T}}(\boldsymbol{J}_i^S(\theta))^{\mathrm{T}}\boldsymbol{N}_i^S\boldsymbol{J}_i^S(\theta)\dot{\boldsymbol{\theta}} \tag{3.4}$$

由此可以得出，整个机器人系统的动能为

$$T = \sum_{i=1}^{n} T_i(\theta,\dot{\boldsymbol{\theta}}) = \frac{1}{2}\dot{\boldsymbol{\theta}}^{\mathrm{T}}\boldsymbol{N}(\theta)\dot{\boldsymbol{\theta}} \tag{3.5}$$

$$\boldsymbol{N}(\theta) = \sum_{i=1}^{n}(\boldsymbol{J}_i^B(\theta))^{\mathrm{T}}\boldsymbol{N}_i^B\boldsymbol{J}_i^B(\theta)$$

$$= \sum_{i=1}^{n}(\boldsymbol{J}_i^S(\theta))^{\mathrm{T}}\boldsymbol{N}_i^S\boldsymbol{J}_i^S(\theta) \tag{3.6}$$

$\boldsymbol{N}(\theta)$ 表示的是机器人自己的惯性矩阵。在六边形单元产生的约束力的作用下，机器人对应这部分约束力的能量表达式为

$$\boldsymbol{V}(\theta) = \sum_{i=1}^{n}\boldsymbol{V}_i(\theta) = \sum_{i=1}^{n}\boldsymbol{P}_i^{\mathrm{T}}r_{ci}(\theta) \tag{3.7}$$

式中　　$\boldsymbol{P}$——六边形单元产生的约束力矩阵。

由于

$$\begin{bmatrix} \bar{\omega}_1' \\ \underline{\omega_1} \\ v_{c1} \end{bmatrix} = \begin{bmatrix} \boldsymbol{I}_3 & 0 \\ \mathbf{ad}(r_{ci}) & \boldsymbol{I}_3 \end{bmatrix} \begin{bmatrix} 0 \\ \underline{\omega_1} \\ v_{c1} \end{bmatrix} \quad \begin{bmatrix} \bar{\omega}_1 \\ \underline{\omega_1} \\ v_{c1} \end{bmatrix} = \boldsymbol{J}_i\theta \tag{3.8}$$

可以得到

$$\frac{\mathrm{d}\boldsymbol{V}_i}{\mathrm{d}t} = \dot{\boldsymbol{\theta}}^{\mathrm{T}} \boldsymbol{J}_i^{\mathrm{T}} \begin{bmatrix} \boldsymbol{I}_3 & \mathbf{ad}^{\mathrm{T}}(r_{ci}) \\ 0 & \boldsymbol{I}_3 \end{bmatrix} \begin{pmatrix} 0 \\ m_i g \end{pmatrix}$$

$$= \dot{\boldsymbol{\theta}}^{\mathrm{T}} \boldsymbol{J}_i^{\mathrm{T}} \begin{pmatrix} P_i \times r_{ci} \\ P_i \end{pmatrix} \tag{3.9}$$

$$\frac{\mathrm{d}\boldsymbol{V}_i}{\mathrm{d}t} = \dot{\boldsymbol{\theta}}^{\mathrm{T}} \frac{\partial \boldsymbol{V}_i}{\partial \theta} \tag{3.10}$$

所以,机器人的拉格朗日函数表达式为

$$L = T - V = \frac{1}{2} \dot{\boldsymbol{\theta}}^{\mathrm{T}} \boldsymbol{N}(\theta) \dot{\boldsymbol{\theta}} - \boldsymbol{V}(\theta)$$

$$= \frac{1}{2} \sum_{i=1}^{n} \sum_{j=1}^{n} \boldsymbol{V}_i(\theta) N_{ij} \dot{\theta}_i \dot{\theta}_j - \sum_{j=1} \boldsymbol{P}_i^{\mathrm{T}} r_{ci}(\theta) \tag{3.11}$$

$$\frac{\partial L}{\partial \dot{\theta}_i} = \sum_{j=1} N_{ij} \dot{\theta}_j \tag{3.12}$$

$$\frac{\mathrm{d}}{\mathrm{d}t}\left(\frac{\partial L}{\partial \dot{\theta}_i}\right) = \sum_{j=1}^{N} N_{ij} \ddot{\theta}_i + \sum_{j=1}^{\mathrm{d}N_{ij}} \dot{\theta}_j$$

$$= \sum_{j=1}^{\infty} N_{ij} \ddot{\theta}_j + \sum_{j=1} \sum_{k=1} \frac{\partial N_{ij}}{\partial \theta_k} \dot{\theta}_k \dot{\theta}_j \tag{3.13}$$

$$\frac{\partial L}{\partial \theta_i} = \frac{1}{2} \frac{\partial}{\partial \theta_i} \left(\sum_{j=1}^{n} \sum_{k=1}^{n} N_{jk} \dot{\theta}_j \dot{\theta}_k\right) + \sum_{j=1}^{n} \boldsymbol{J}_{ij}^{\mathrm{T}} \begin{bmatrix} P_j \times r_{cj} \\ P_j \end{bmatrix}$$

$$= \frac{1}{2} \sum_{j=1} \sum_{k=1} \frac{\partial N_{jk}}{\partial \dot{\theta}_i} \dot{\theta}_j \dot{\theta}_k + \sum_{j=1} \boldsymbol{J}_{ij}^{\mathrm{T}} \begin{bmatrix} P_j \times r_{cj} \\ P_j \end{bmatrix} \tag{3.14}$$

由式(3.1)~(3.14)可以得出

$$\sum_{j=1} N_{ij} \ddot{\theta}_j + \sum_{j=1} \sum_{k=1} \frac{\partial N_{ij}}{\partial \theta_k} \dot{\theta}_k \dot{\theta}_j - $$

$$\frac{1}{2} \sum_{j=1} \sum_{k=1} \frac{\partial N_{jk}}{\partial \dot{\theta}_i} \dot{\theta}_j \dot{\theta}_k - \sum_{j=1} \boldsymbol{J}_{ij}^{\mathrm{T}} \begin{bmatrix} P_j \times r_{cj} \\ P_j \end{bmatrix} = Q \tag{3.15}$$

经过化简可以得出

$$\sum_{j=1}^{n} N_{ij} \ddot{\theta}_j + C_{ij}(\theta, \dot{\boldsymbol{\theta}}) \dot{\theta}_j + \boldsymbol{P}_i(\theta, \dot{\boldsymbol{\theta}}) = Q_i, \quad i = 1, 2, \cdots, n \tag{3.16}$$

式(3.16)就是关于机器人动力学的拉格朗日方程。这个公式中,等号左边从左至右三项分别代表惯性力、离心力与哥氏力、柔性体带来的约束力;等号右边代表的是驱动力。

依据上述方法完成在轨组装机器人的装配过程仿真。在轨组装机器人在第二阶段夹持一个单元在另一个单元做巡游运动,当到达六边形单元之间的连接处时,一条运动腿夹持固定在连接处,调节姿态使其与充当负载的六边形单元呈120°角度分布,同时另一条运动腿充当机械臂的角色捕捉第三块六边形单元,从而完成在轨组装机器人的装配过程,图 3.27 所示为机器人装配过程的初始分布示意图。

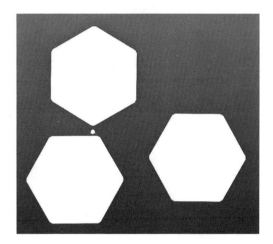

图 3.27　机器人装配过程的初始分布示意图

在装配过程中以及完成装配过程稳定后,发现六边形单元会有较明显的晃动现象,图 3.28 所示为六边形单元质心的晃动幅度。

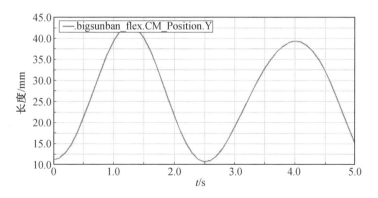

图 3.28　六边形单元质心的晃动幅度

图 3.29 所示为机器人装配过程各阶段示意图,第一阶段机器人向六边形单

元边缘的连接处运动,头顶的夹持装置抓取着第二块六边形单元同时运动;第二阶段机器人左下方夹持装置运动至连接点处,在连接点处固定;第三阶段调整两块六边形单元的相对位置,使其接触边缘相互平行;第四阶段机器人抓取六边形单元向第三块六边形单元运动;第五阶段机器人右下方夹持装置与第三块六边形单元的连接处连接;第六阶段调整机器人姿态,使三块六边形单元满足装配要求。

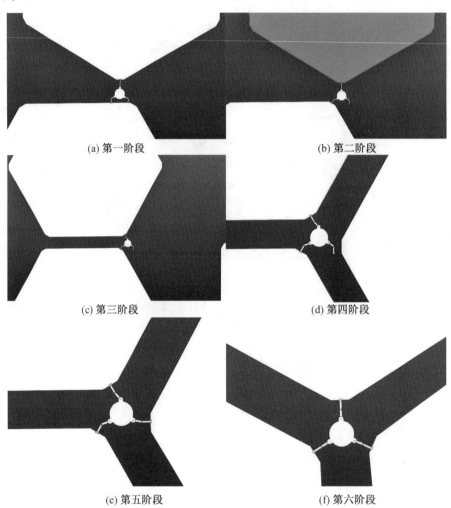

图 3.29   机器人装配过程各阶段示意图

在仿真过程中,分别对刚性六边形单元和机器人的连接处与柔性六边形单元和机器人连接处的受力情况进行对比,如图 3.30 所示,相同部位柔性单元 1 的受力大小是刚性单元的 10 倍以上,可以证明六边形单元的柔性振动会产生很大影响。

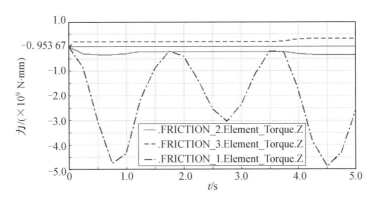

图 3.30　柔性单元与刚性单元受力对比

本书采用控制机器人姿态的方式减轻和抵消六边形单元的晃动,因此采用了 MATLAB－ADAMS 联合仿真的方式进行控制。MATLAB 具有编写函数、绘制数据图形、创建用户个性化的图形界面、编写运行算法、与其他编程语言连接等功能。Simulink 是 MATLAB 的一个核心模块,通过简单的图形化操作,便可构建设计出复杂的系统。本书正是通过 MATLAB 的 Simulink 模块与 ADAMS 软件进行机器人步行的联合仿真。

首先使用 ADAMS 中的 ADAMS/Control 模块定义控制的输入输出,ADAMS 与其他控制程序之间的数据交换是通过状态变量实现的,而不是通过设计变量实现的。状态变量在计算过程中是一个数组,它包含一系列数值,而设计变量只是一个常值,不能保存变值。在定义输入输出之前需要先将相应的状态变量定义好,用于输入输出的状态变量一般是系统模型元素的函数,如构件的位置、速度的函数以及载荷函数等。输入变量是系统被控制的变量而输出变量是系统输入到其他控制程序的变量,其值经过控制方案后,又返回到输入变量。

图 3.31 所示为在 ADAMS 环境中导出机器人虚拟样机受控模型的界面,左侧为控制信号,即系统的输入变量;右侧为反馈信号,即系统的输出变量。配置虚拟样机的控制输入输出参数,便可生成 ADAMS－MATLAB 联合仿真的接口文件,该接口文件在 Simulink 中被调用,以实现 ADAMS 与 MATLAB 之间的数据通信。图 3.32 所示为联合仿真接口模块的内部结构。

航天器表面附着巡游机器人系统

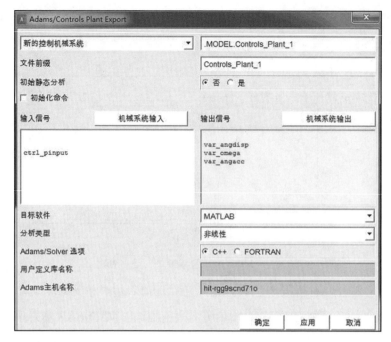

图 3.31 ADAMS 控制模型导出界面

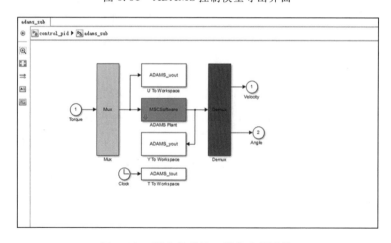

图 3.32 联合仿真接口模块内部结构

在本系统中,需要控制的变量是六边形单元的振动幅度,采用对应六边形单元夹持机构的姿态调整来控制。因此将输入变量确定为夹持机构转动副所对应的转矩,输出变量确定为六边形单元中心位置的变化情况。在 ADAMS 中定义输入输出变量,在 MATLAB 中的 Simulink 模块进行控制系统建模,图 3.33 所示为信息交互控制系统。可以在 MATLAB 中实时掌握 ADAMS 中六边形单元中心位置和夹持机构转矩的变化情况。

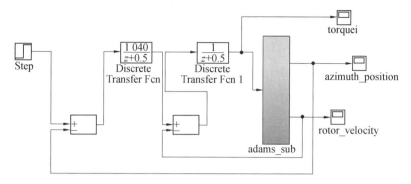

图 3.33　　信息交互控制系统

仿生附着微结构修饰足设计

本章主要介绍仿生附着微结构修饰足设计,包括壁虎单根刚毛附着机理模型、基于范德瓦耳斯力的黏附结构在纳米级下的黏附特性研究、壁虎刚毛黏附力学模型建立、仿生附着微结构黏附特性及优化设计、冲击条件下的黏附特性以及附着微结构的动态脱附特性。

4.1　壁虎单根刚毛附着机理模型

4.1.1　壁虎脚掌微结构特征

壁虎可以实现在竖直墙壁、甚至光滑天花板上自由爬行,为了解壁虎这种特殊的能力,人们开始进行大量的深入研究。从扫描电子显微镜下观察壁虎的脚掌结构,可以发现,壁虎脚掌具有十分精细的微观结构,如图 4.1 所示。其每个脚掌底部覆盖约 50 万根直径为 5 ~ 10 μm、长度为 30 ~ 130 μm 的刚毛;每根刚毛端部分叉,并在顶部分布 400 ~ 1 000 根直径为 0.1 ~ 0.2 μm、长度为 2 ~ 5 μm 的绒毛结构。

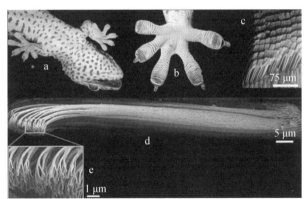

a—整只壁虎;b—单个脚掌;c—刚毛阵列;d—单根刚毛;e—绒毛阵列

图 4.1　壁虎足底微结构 SEM 图

经精确测量显示,单根壁虎刚毛的最大法向黏附力和最大切向黏附力分别为 20 μN 和 194 μN,图 4.2(a) 所示为单根壁虎刚毛测量装置(图中 MEMS 指微机电系统),图 4.2(b) 所示为测试过程中黏附力的变化情况。又有美国学者在此基础上展开更进一步的实验,对刚毛分别与亲水、疏水表面间的黏附力进行测试,结果显示两者力的大小几乎相同,从而证明黏附并非来自刚毛作用。经分析得出,壁虎实现黏附的物理机制为范德瓦耳斯力。

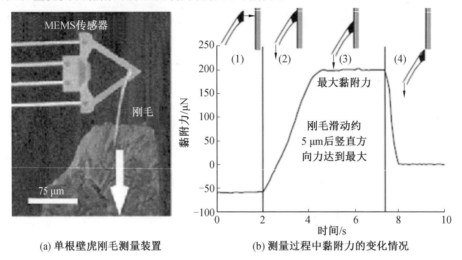

(a) 单根壁虎刚毛测量装置　　　(b) 测量过程中黏附力的变化情况

图 4.2　单根壁虎刚毛黏附力的测量

研究学者经一系列实验证明,范德瓦耳斯力是一种干性黏结吸附方式,可以实现轻松黏附和快速脱附,具有较强的黏附力,且不受表面材料的影响,与其他传统黏附方式相比具有容易控制和黏附稳定的优点。由此,更多学者展开了对仿壁虎刚毛结构的研究。

4.1.2　壁虎脚掌单根刚毛仿真分析

壁虎在实际爬行中,脚底末端刚毛与脚掌面呈一定的角度,且受到被接触表面的一定弹性力作用,因此有必要分析单根黏附刚毛与接触面间的黏附作用。效仿壁虎脚掌的刚毛结构,首先提出一个倾斜微阵列的单个刚毛模型,用离散元的方式对其进行建模,仿真过程如图 4.3 所示。假设刚毛材料与壁虎刚毛材料相同,用离散元软件(EDEM)对单根刚毛的黏附特性进行分析,黏附刚毛的颗粒用 Bonding 模型仿真,刚毛与表面之间的黏附是基于 JKR 接触模型建立的。单个刚毛的半径为 $2.5~\mu m$,颗粒的半径为 $0.3~\mu m$。通过先预压再拉伸单个刚毛脱离物体表面,仿真单个刚毛的脱附过程,进而分析其黏附特性。

基于上述参数,针对不同的刚毛及与物体表面的倾斜角,用离散元软件仿真壁虎刚毛在黏附过程中的不同接触状态,得到其在不同倾斜角下的法向最大黏附力。

4.1.3　壁虎脚掌微结构仿真建模

一般情况下,在离散元软件 EDEM 中颗粒体无法进行定向运动,为了实现黏

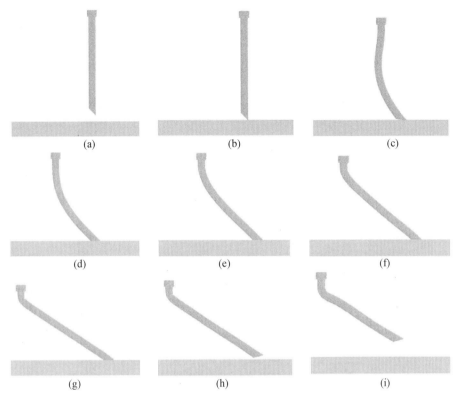

图 4.3　单根刚毛的离散元建模仿真过程

附足微阵列的运动,选择将基底颗粒嵌入几何体中,通过几何体的运动带动微阵列刚毛的运动行为,其中几何体由三维实体软件 SolidWorks 构建,几何体模型如图 4.4 所示。

图 4.4　几何体模型

在上述几何体中按照以下步骤实现微阵列模型的建立。

① 建立颗粒工厂。

② 生成颗粒后静置。

③ 用与几何体同材料的压板进行封顶压实后静置。

④ 删除原有的 Hertz—Mindlin(无滑动接触)模型,将 Hertz—Mindlin with Bonding 接触模型(简称 Bonding 模型)嵌入颗粒与颗粒之间并设置参数,Bonding 模型中的黏结在瞬间生成。

⑤ 完成黏结后,将包裹刚毛部分的几何体删除即可。

微阵列建模过程如图 4.5 所示。

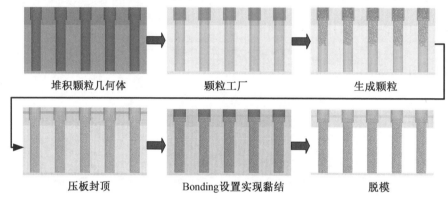

图 4.5 微阵列建模过程

在此基础上,对几何体基板设置运动方向和速度等运动参数,实现垂直微阵列在接触表面黏附和脱附的仿真过程。

在离散元软件 EDEM 中,颗粒和颗粒之间的堆积形式主要由颗粒的半径、颗粒的材料参数(弹性模量、密度)、颗粒的接触半径几个参数确定。对于确定的颗粒,根据其接触半径的不同,可以实现不同的 Bonding 黏结形式。通过调节颗粒的接触半径,通常可以有两种微阵列黏结模型,一种是最常见的密集颗粒堆积黏结模型,另一种是远程黏结模型。截取足部尺寸 0.1 mm × 0.1 mm 为研究对象,建立两种形式的黏附足垂直微阵列离散元仿真模型,如图 4.6 所示。

在堆积黏结仿真模型中,全部刚毛均由 0.6 μm 的微小颗粒堆积黏结而成,颗粒的接触半径为 1.2 μm。另外,Bonding 模型的具体仿真参数包括单位面积法向刚度、单位面积切向刚度、临界法向应力、临界切向应力以及黏结圆面半径。经过参数匹配后,对相应参数进行设定,具体设定值见表 4.1,设定界面如图 4.7 所示。

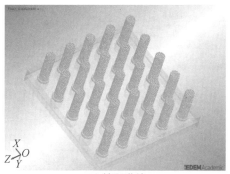

(a) 堆积黏结

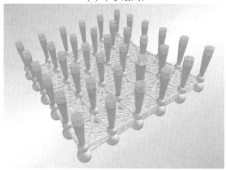

(b) 远程黏结

图 4.6　　垂直微阵列离散元仿真模型

表 4.1　Bonding 模型设定值(堆积黏结模型)

参数	设定值
开始时间 /s	0
黏结作用颗粒类型	$0.6 \mu m$ 颗粒之间
单位面积法向刚度 /(N·m^{-2})	2×10^{11}
单位面积切向刚度 /(N·m^{-2})	2×10^{9}
临界法向应力 /Pa	1×10^{300}
临界切向应力 /Pa	1×10^{300}
黏结圆面半径 /mm	0.000 6

　　黏结圆面半径可以理解为,颗粒与颗粒间的黏结是通过一个类圆柱体实现的,其 Bonding 模型黏结图如图 4.8 所示。黏结圆面半径即为该圆柱的半径,因此一般黏结半径不超过两接触颗粒中最小的半径。而黏结圆面半径的值也会用于颗粒间黏结力的计算。其他参数一致的情况下,不同的黏结圆面半径值会得到不同的黏结效果。因此,为保证模型的一致性,在所有微阵列仿真模型中,此项参数值均设置为与小颗粒的半径值相等,即 $0.6 \mu m$。

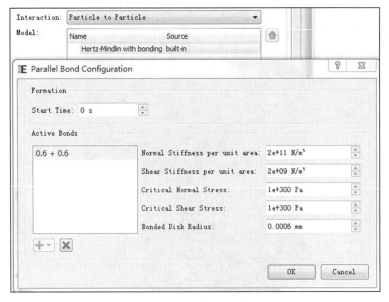

图 4.7　Bonding 模型设定界面

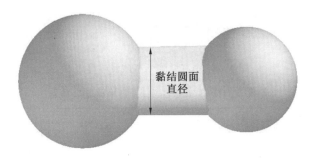

图 4.8　颗粒与颗粒间 Bonding 模型黏结图

　　在远程黏结仿真模型中,仅保留了最底层颗粒,是一般堆积模型的简化形式。此模型中一共用到三种颗粒,其中小颗粒通过 Bonding 模拟黏附足足端结构,颗粒半径为 $0.3~\mu m$,中颗粒以及大颗粒位于机器人主体结构中,通过远程 Bonding 实现与小颗粒的黏结,进而实现足底小颗粒与主体之间的连接。为了提高运算速度,令微阵列基底的颗粒半径与黏附支杆的半径一致。三种颗粒的接触半径根据结构参数的不同而不同。在 Bonding 模型的参数设置中,需要小颗粒与小颗粒、小颗粒与中颗粒、中颗粒与大颗粒、大颗粒与小颗粒之间的四组设置,见表 4.2。

　　综上所述,一方面,从直观上可以明显看出,远程黏结模型比堆积黏结模型的颗粒数量要少很多。事实上,在 $0.1~mm\times0.1~mm$ 的黏附足微阵列截面尺寸下,堆积黏结模型有 10 万左右的颗粒数量,为达到较高的准确度,步长调至

$1\times10^{-8}\,\mathrm{s}$,间隔需达 $1\times10^{-7}\,\mathrm{s}$,因此每次仿真周期超过 $30\,\mathrm{h}$。而远程黏结模型的颗粒数量大大减少,几乎只有足端部一层的微米颗粒和嵌入主体的若干大颗粒,虽然接触半径的增大,使得颗粒与颗粒之间的作用有所重叠,但是整体的接触量依然远小于堆积黏结模型。远程黏结模型进行仿真所需要的时间不到 $1\,\mathrm{h}$,因此在效率上远远超过了堆积黏结模型。

表 4.2　Bonding 模型设定值(远程黏结模型)

参数	小颗粒与小颗粒	小颗粒与中颗粒	中颗粒与大颗粒	大颗粒与小颗粒
开始时间 /s	0	0	0	0
单位面积法向刚度 /(N・m^{-2})	6×10^{11}	3×10^{11}	1×10^{11}	5×10^{11}
单位面积切向刚度 /(N・m^{-2})	6×10^{10}	3×10^{10}	1×10^{10}	5×10^{10}
临界法向应力 /Pa	1×10^{100}	1×10^{100}	1×10^{100}	1×10^{100}
临界切向应力 /Pa	1×10^{100}	1×10^{100}	1×10^{100}	1×10^{100}
黏结圆面半径 /mm	0.000 3	0.000 3	0.000 3	0.000 3

另一方面,结合对仿真模型的分析,将两种模型进行简单的脱附仿真。图 4.9 所示为两种建模方式下垂直脱附后的刚毛阵列形态,图 4.10 所示为两种建模方式下水平脱附过程中的刚毛变形形态。

(a) 堆积黏结　　　　　　　　　(b) 远程黏结

图 4.9　两种建模方式下垂直脱附后的刚毛阵列形态

(a) 堆积黏结　　　　　　　　　(b) 远程黏结

图 4.10　两种建模方式下水平脱附过程中的刚毛变形形态

可以看出,完全垂直脱附时,两者脱附状态相近;但在水平脱附时,前者由于是颗粒密集堆积黏结的形式,所以可以模拟刚毛脱附过程中的柔性变形情况,而后者远程黏结形式,由于足端部颗粒只有一层,大颗粒与端部颗粒之间只有黏结作用力,无法观察到脱附过程中刚毛的微观变形情况,与实际情况有所偏离。

4.2 基于范德瓦耳斯力的黏附结构在纳米级的黏附特性研究

建立单个碳纳米管在垂直方向上与接触表面的接触模型,其力学关系等于碳纳米管上每个碳原子与接触表面上每个原子范德瓦耳斯力的叠加。经典的分子间相互作用势用 Lennard－Jones(兰纳－琼斯) 势函数来表示,其形式为

$$E_{vdW}(r) = 4\varepsilon\left[\left(\frac{\sigma}{r}\right)^{12} - \left(\frac{\sigma}{r}\right)^{6}\right] \tag{4.1}$$

式中 r——分子间距离;

σ——两原子间的范德瓦耳斯力作用平衡间距;

ε——处于平衡间距的两原子间范德瓦耳斯力作用键能。

分子间的相互作用力可以通过对相互作用势求导得到,即

$$F_{vdW}(r) = -\frac{dE_{vdW}(r)}{dr} = 24\varepsilon\sigma^2(2\sigma^6 r^{-13} - r^{-7}) \tag{4.2}$$

对于单个粒子与宏观物体之间的范德瓦耳斯力,可以通过积分一个原子对另外一个物体内所有原子的范德瓦耳斯力得到,即

$$F_{vdW}(d) = \int_{d}^{+\infty}\int_{0}^{+\infty} 24\varepsilon\sigma^6\left[2\sigma^6(h^2+r^2)^{-\frac{13}{2}} - (h^2+r^2)^{-\frac{7}{2}}\right] \times 2\pi r\rho \frac{h}{(h^2+r^2)^{\frac{1}{2}}} dr dh$$

$$= \frac{2}{5}\pi\rho\varepsilon\sigma^2\left[2\left(\frac{\sigma}{d}\right)^{10} - 5\left(\frac{\sigma}{d}\right)^{4}\right] \tag{4.3}$$

基于式(4.3)可以通过累加单个碳纳米管上每个碳原子与宏观物体之间的范德瓦耳斯力,求得单个碳纳米管的黏附力。如图4.11所示,对碳纳米管中的原子排布进行化简,分成一个个菱形区域,每个菱形区域有两个碳原子,求得每个菱形区域与宏观物体间的范德瓦耳斯力为

$$F_{two}(d) = \frac{2}{5}\pi\rho\varepsilon\sigma^2\left[2\left(\frac{\sigma}{d+a_{c-c}\cos\theta}\right)^{10} + 2\left(\frac{\sigma}{d}\right)^{10} - 5\left(\frac{\sigma}{d+a_{c-c}\cos\theta}\right)^{4} - 5\left(\frac{\sigma}{d}\right)^{4}\right] \tag{4.4}$$

简化后得到的碳纳米管中的原子排布如图4.11(b)所示,叠加每个碳原子与接触的宏观物体间的范德瓦耳斯力,求得单个碳纳米管的黏附力表达式为

$$F(d) = \left(\cos\theta - \frac{\sqrt{3}}{3}\sin\theta\right)\frac{L}{a}\sum_{i=0}^{+\infty}F_{vrd}(d_i)$$

$$= \left(\cos\theta - \frac{\sqrt{3}}{3}\sin\theta\right)\frac{L}{a}\sum_{i=0}^{+\infty}F_{vrd}\left(d + \left(\frac{\sqrt{3}}{2}\cos\theta - \frac{1}{2}\sin\theta\right)ai\right)$$

$$
\begin{aligned}
= &\left(\cos\theta - \frac{\sqrt{3}}{3}\sin\theta\right) \frac{2L\pi\rho\varepsilon\sigma^2}{5a} \sum_{i=0}^{+\infty}\left[2\left(\cfrac{a}{d+\left(\frac{\sqrt{3}}{2}\cos\theta - \frac{1}{2}\sin\theta\right)ai + a_{c-c}\cos\theta}\right)^{10} + \right. \\
&\left(\cfrac{\sigma}{d+\left(\frac{\sqrt{3}}{2}\cos\theta - \frac{1}{2}\sin\theta\right)ai}\right)^{10} - \\
&5\left(\cfrac{\sigma}{d+\left(\frac{\sqrt{3}}{2}\cos\theta - \frac{1}{2}\sin\theta\right)ai + a_{c-c}\cos\theta}\right)^{4} - \\
&\left.\left(\cfrac{\sigma}{d+\left(\frac{\sqrt{3}}{2}\cos\theta - \frac{1}{2}\sin\theta\right)ai}\right)^{4}\right]
\end{aligned}
\tag{4.5}
$$

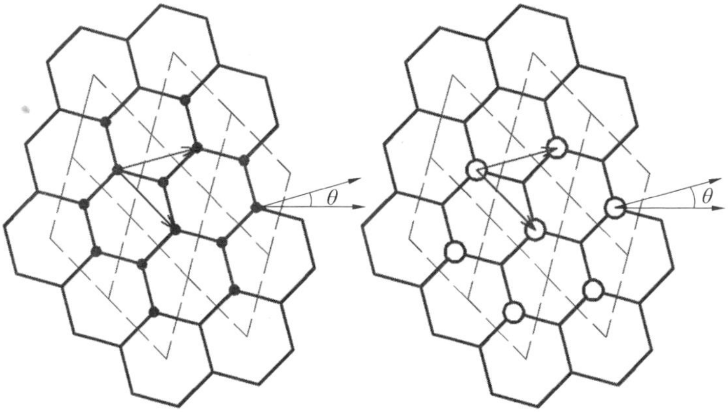

(a) 碳纳米管中的原子排布　　　　　(b) 简化的碳纳米管中的原子排布

图 4.11　碳纳米管中的原子排布简化

碳纳米管的黏附力表达式参数含义,即式(4.5)中每个字母的含义见表 4.3。

表 4.3　碳纳米管的黏附力表达式参数含义

参数	含义
θ	手性角
L	碳纳米管的周长
ρ	黏附表面的原子密度
ε	两原子间的范德瓦耳斯力作用键能
σ	两原子的力平衡间距
a_{c-c}	碳纳米管中碳原子间距
a	碳纳米管单位向量的长度
d	碳纳米管末端与黏附表面的距离

对式(4.5)进行求解得到,碳纳米管黏附力随手性角 θ 和物体表面间距 d 变化的二元关系曲线,如图4.12所示。图4.13所示为碳纳米管的黏附力极值与手性角 θ 之间的关系。

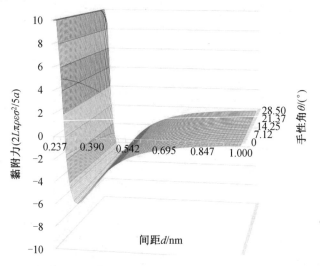

图 4.12　碳纳米管的黏附力随 θ 和间距 d 变化的二元关系曲线

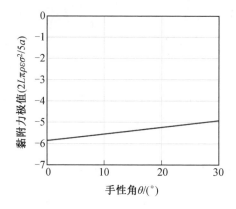

图 4.13　碳纳米管的黏附力极值与手性角 θ 之间的关系

当碳纳米管手性角 $\theta = 30°$ 时,其黏附力表达式为

$$F(d) = m\sum_{i=0}^{+\infty} F_{\text{two}}(d_i) = \frac{L}{\sqrt{3}\,a}\sum_{i=0}^{+\infty} F_{\text{two}}\left(d + \frac{1}{2}ai\right)$$

$$= \frac{2L\pi\rho\,\varepsilon\sigma^2}{5a}\frac{1}{\sqrt{3}}\sum_{i=0}^{+\infty}\left[2\left(\frac{2\sigma}{2d+a(i+1)}\right)^{10} + 2\left(\frac{2\sigma}{2d+ai}\right)^{10} - \right.$$

$$\left. 5\left(\frac{2\sigma}{2d+a(i+1)}\right)^4 - 5\left(\frac{2\sigma}{2d+ai}\right)^4\right] \tag{4.6}$$

当锯齿碳纳米管手性角 $\theta = 0°$ 时,其黏附力表达式为

$$F(d) = m \sum_{i=0}^{+\infty} F_{\text{two}}(d_i) = \frac{L}{a} \sum_{i=0}^{+\infty} F_{\text{two}}\left(d + \frac{\sqrt{3}}{2}ai\right)$$

$$= \frac{2L\pi\rho\varepsilon\sigma^2}{5a} \sum_{i=0}^{+\infty} \left[2\left(\frac{\sigma}{d+\frac{\sqrt{3}}{2}ai+a_{c-c}}\right)^{10} + 2\left(\frac{\sigma}{d+\frac{\sqrt{3}}{2}ai}\right)^{10} - \right.$$

$$\left. 5\left(\frac{\sigma}{d+\frac{\sqrt{3}}{2}ai+a_{c-c}}\right)^{4} - 5\left(\frac{\sigma}{d+\frac{\sqrt{3}}{2}ai}\right)^{4} \right] \tag{4.7}$$

在两种极限手性角情况下,碳纳米管的黏附力随宏观物体间距变化的曲线,如图 4.14 所示,两种手性角下的最大黏附力见表 4.4。

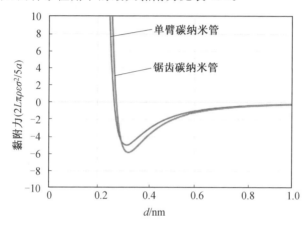

图 4.14　碳纳米管的黏附力随宏观物体间距变化的曲线

表 4.4　两种手性角下的最大黏附力

参数	锯齿碳纳米管	单臂碳纳米管
手性角 $\theta/(°)$	0	30
碳纳米管与表面的间距 d/mm	0.329	0.329
最大黏附力 $F(d)$	$-5.848 \times (2L\pi\rho\varepsilon\sigma^2/5a)$	$-4.968 \times (2L\pi\rho\varepsilon\sigma^2/5a)$

　　根据上述可得出结论,在碳纳米管半径一定的情况下,单臂碳纳米管的最大黏附力小于锯齿碳纳米管的最大黏附力。不考虑碳纳米管末端的不规则分布情况,在直径相同并且仅考虑端部接触的情况下,锯齿碳纳米管的黏附力要优于单臂碳纳米管。

　　壁虎在实际爬行中,可以在不同粗糙度的表面黏附爬行。效仿壁虎脚掌的刚毛结构,提出碳纳米管垂直阵列模型,用离散元的方式建立碳纳米管与粗糙表面的接触模型。下面建立三种粗糙度接触表面的模型,建模过程如图 4.15 所示,最大峰谷距分别为 6 nm、50 nm 和 160 nm。

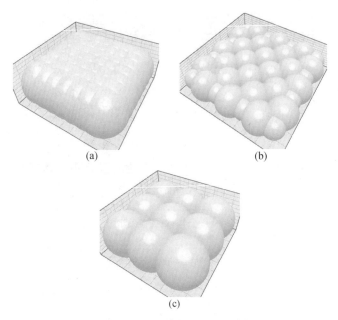

图 4.15 三种粗糙度表面模型的建模过程

暂不考虑多种碳纳米管末端的不规则以及具有缺陷结构的原子排布方式，以规则的排布方式进行建模。图 4.16 所示为 7×7 碳纳米管阵列的离散元模型，单个碳纳米管的半径为 10 nm，碳纳米管间距为 50 nm。通过 Bonding 模型实现颗粒间的黏结，实现单个碳纳米管模型的建立。在离散元软件中，用 JKR 模型模拟碳纳米管颗粒与接触表面之间的范德瓦耳斯力。

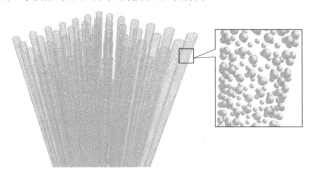

图 4.16 7×7 碳纳米管阵列的离散元模型

在此基础上，对碳纳米管阵列在粗糙表面上的黏附和脱附过程进行仿真分析。通过先预压，使得碳纳米管的端部与接触表面接触，然后卸掉法向的预压载荷，最后分别通过法向和切向拉伸微黏附结构脱离物体表面。仿真碳纳米管阵列的脱附过程，得到碳纳米管阵列在脱附过程中所受到的法向和切向黏附力，分析其黏附特性。图 4.17 所示为碳纳米管阵列法向脱附过程。图 4.18 所示为碳纳米管阵列切向脱附过程。

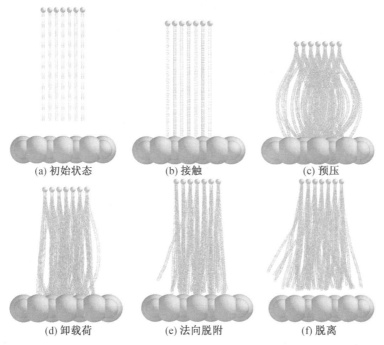

(a) 初始状态　　　　　(b) 接触　　　　　(c) 预压

(d) 卸载荷　　　　　(e) 法向脱附　　　　　(f) 脱离

图 4.17　碳纳米管阵列法向脱附过程

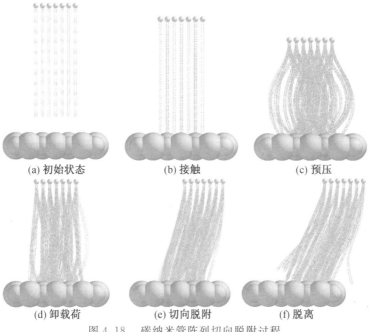

(a) 初始状态　　　　　(b) 接触　　　　　(c) 预压

(d) 卸载荷　　　　　(e) 切向脱附　　　　　(f) 脱离

图 4.18　碳纳米管阵列切向脱附过程

改变碳纳米管阵列在黏附过程中的预压载荷以及接触表面的粗糙度,对碳纳米管阵列进行进一步建模仿真,分析预压载荷和接触表面粗糙度对碳纳米管黏附特性的影响规律。图 4.19 所示为碳纳米管阵列在最大峰谷距为 6 nm 的粗糙接触表面上黏附的离散元模型,初始预压量分别为 100 nm、250 nm 和 500 nm。 在法向载荷卸载之后分别从法向和切向两个方向拉伸碳纳米管阵列脱离粗糙接触表面。 仿真分析预压量对碳纳米管阵列法向和切向黏附力的影响。

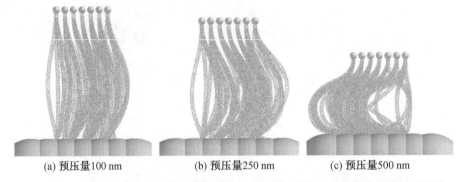

(a) 预压量100 nm   (b) 预压量250 nm   (c) 预压量500 nm

图 4.19　碳纳米管阵列在最大峰谷距为 6 nm 的粗糙接触表面上黏附的离散元模型

图 4.20 所示为针对三种预压量,碳纳米管阵列在最大峰谷间距为 6 nm 的粗糙接触表面上,通过法向和切向脱附过程的仿真得到的黏附力变化曲线。

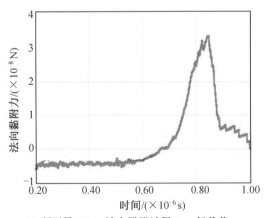

(a) 预压量100 nm法向脱附过程(6 nm轻载荷)

图 4.20　碳纳米管阵列在最大峰谷间距为 6 nm 的粗糙接触表面的黏附力变化曲线

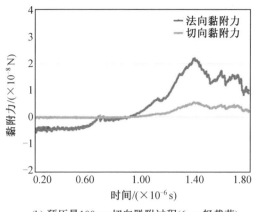

(b) 预压量100 nm切向脱附过程(6 nm轻载荷)

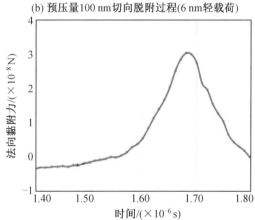

(c) 预压量250 nm法向脱附过程(6 nm中载荷)

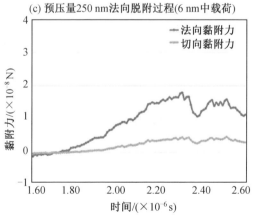

(d) 预压量250 nm切向脱附过程(6 nm中载荷)

续图 4.20

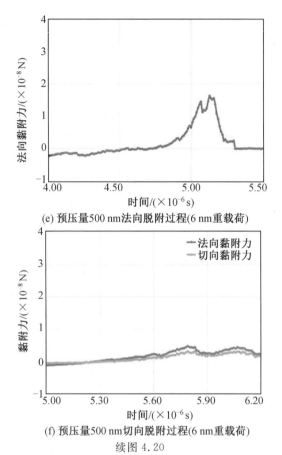

(e) 预压量500 nm法向脱附过程(6 nm重载荷)

(f) 预压量500 nm切向脱附过程(6 nm重载荷)

续图 4.20

图 4.21 所示为碳纳米管阵列在最大峰谷距为 50 nm 的粗糙接触表面上黏附的离散元模型,初始预压量分别为 100 nm、250 nm 和 500 nm。在法向载荷卸载之后分别从法向和切向两个方向拉伸碳纳米管阵列脱离粗糙接触表面。仿真分析预压量对碳纳米管阵列法向和切向黏附力的影响。

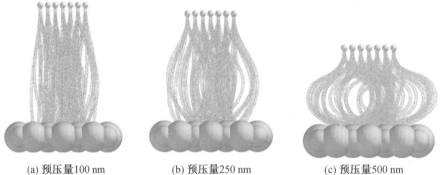

(a) 预压量100 nm　　　(b) 预压量250 nm　　　(c) 预压量500 nm

图 4.21　碳纳米管阵列在最大峰谷距为 50 nm 的粗糙接触表面上黏附的离散元模型

图 4.22 所示为针对三种预压量,碳纳米管阵列在最大峰谷间距为 50 nm 的粗糙接触表面上,通过法向和切向脱附过程的仿真得到的黏附力变化曲线。

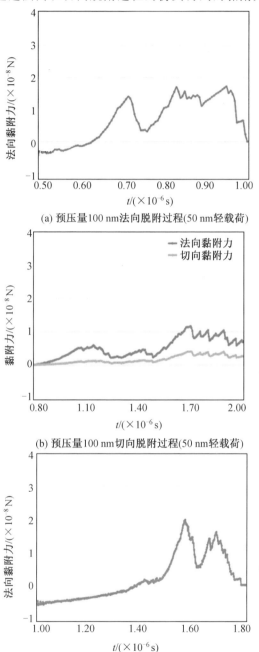

(a) 预压量100 nm法向脱附过程(50 nm轻载荷)

(b) 预压量100 nm切向脱附过程(50 nm轻载荷)

(c) 预压量250 nm法向脱附过程(50 nm中载荷)

图 4.22   碳纳米管阵列在最大峰谷间距为 50 nm 的粗糙接触表面上的黏附力变化曲线

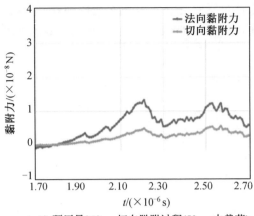

(d) 预压量250 nm切向脱附过程(50 nm中载荷)

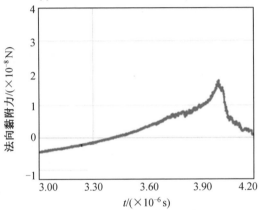

(e) 预压量500 nm法向脱附过程(50 nm重载荷)

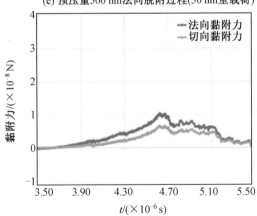

(f) 预压量500 nm切向脱附过程(50 nm重载荷)

续图 4.22

图 4.23 所示为碳纳米管阵列在最大峰谷距为 160 nm 的粗糙接触表面上黏附的离散元模型，初始预压量分别为 100 nm、250 nm 和 500 nm。在法向载荷卸载之后分别从法向和切向两个方向拉伸碳纳米管阵列脱离接触表面。仿真分析预压量对碳纳米管阵列法向和切向黏附力的影响。

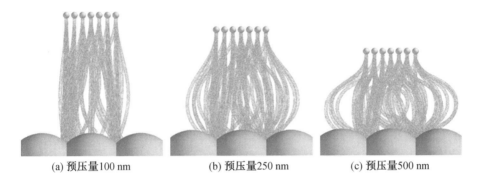

(a) 预压量100 nm　　　　　　(b) 预压量250 nm　　　　　　(c) 预压量500 nm

图 4.23　碳纳米管阵列在最大峰谷距为 160 nm 的粗糙接触表面上黏附的离散元模型

图 4.24 所示为针对三种预压量，碳纳米管阵列在最大峰谷间距为 160 nm 的粗糙接触表面上，通过法向和切向脱附过程的仿真得到的黏附力变化曲线。

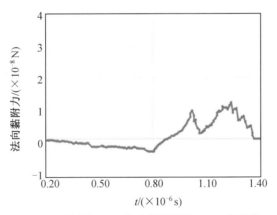

(a) 预压量100 nm法向脱附过程(160 nm轻载荷)

图 4.24　碳纳米管阵列在最大峰谷间距为160 nm 的粗糙接触表面上黏附力变化曲线

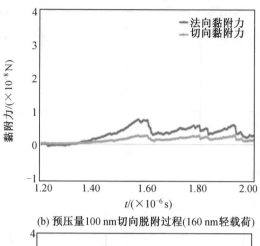

(b) 预压量100 nm切向脱附过程(160 nm轻载荷)

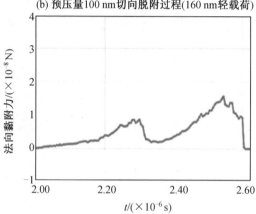

(c) 预压量250 nm法向脱附过程(160 nm中载荷)

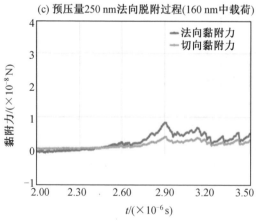

(d) 预压量250 nm切向脱附过程(160 nm中载荷)

续图 4.24

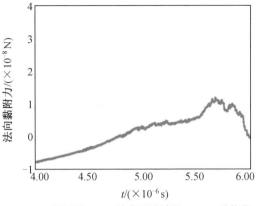

(e) 预压量500 nm法向脱附过程(160 nm重载荷)

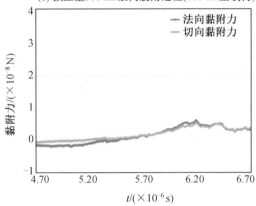

(f) 预压量500 nm切向脱附过程(160 nm重载荷)

续图 4.24

　　将各个参数下碳纳米管所受的最大黏附力汇总,得到的数据见表4.5。碳纳米管阵列法向黏附力随预压量和接触表面粗糙度变化的关系曲线如图 4.25 所示。碳纳米管阵列切向黏附力随预压量和接触表面粗糙度变化的关系曲线如图 4.26 所示。

表 4.5　碳纳米管所受的最大黏附力汇总

最大峰谷距 /nm	脱附方向	黏附力方向	碳纳米管所受的最大黏附力 /N (175 nm × 175 nm = 30 625 nm²)		
			预压量 100 nm	预压量 250 nm	预压量 500 nm
6	法向	法向	4.34×10^{-8}	4.04×10^{-8}	1.62×10^{-8}
	切向	法向	2.19×10^{-8}	1.79×10^{-8}	0.49×10^{-8}
		切向	0.55×10^{-8}	0.45×10^{-8}	0.33×10^{-8}

续表4.5

最大峰谷距/nm	脱附方向	黏附力方向	碳纳米管所受的最大黏附力 /N (175 nm × 175 nm = 30 625 nm²)		
			预压量 100 nm	预压量 250 nm	预压量 500 nm
50	法向	法向	1.68×10^{-8}	1.97×10^{-8}	1.63×10^{-8}
	切向	法向	1.17×10^{-8}	1.32×10^{-8}	1.03×10^{-8}
		切向	0.41×10^{-8}	0.48×10^{-8}	0.65×10^{-8}
160	法向	法向	1.19×10^{-8}	1.57×10^{-8}	1.16×10^{-8}
	切向	法向	0.74×10^{-8}	0.82×10^{-8}	0.65×10^{-8}
		切向	0.26×10^{-8}	0.37×10^{-8}	0.56×10^{-8}

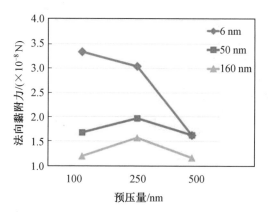

图 4.25　碳纳米管阵列法向黏附力随预压量和接触表面粗糙度变化的关系曲线

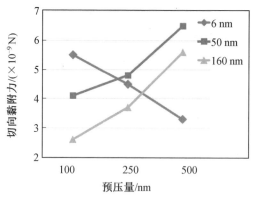

图 4.26　碳纳米管阵列切向黏附力随预压量和接触表面粗糙度变化的关系曲线

　　基于表 4.5、图 4.25 和图 4.26,总结碳纳米管阵列最大黏附力的变化情况,得到如下规律。

（1）在微粗糙度表面,很小的预压量就可以让碳纳米管阵列的端部与接触表面接触。过大的法向预压量不会增大碳纳米管阵列的黏附力。碳纳米管阵列法向和切向黏附力会随着预压程度的增大而减小。

　　（2）在粗糙表面,适当的法向预压量会增大碳纳米管阵列端部与粗糙表面的接触面积,从而增大碳纳米管阵列的黏附力。但是过大的预压量会让碳纳米管阵列变得不规则,影响参与黏附碳纳米管的数量。所以碳纳米管阵列的切向黏附力随着预压力的增大而增大。而法向黏附力随着预压力的增大先增大后减小。

　　（3）粗糙度会对碳纳米管阵列的法向黏附力产生负面影响。在相同预压力的情况下,法向黏附力随着粗糙度的增大而减小。随着预压力的增大,粗糙度对碳纳米管阵列法向黏附力的负面影响逐渐减弱。

　　（4）在轻预压力的情况下,粗糙度会对碳纳米管阵列的切向黏附力产生负面影响,切向黏附力随着粗糙度的增大而减小。随着预压力的增大,粗糙度会对碳纳米管阵列的切向黏附力产生正面的影响,切向黏附力随着粗糙度的增大呈先增大后减小的趋势。

　　在仿真的基础上对碳纳米管阵列的黏附特性进行实验测试。以乙炔为碳源,氩气为载气,氢气为工作气体,铁离子为催化剂,采用化学气相沉积法制备了碳纳米管阵列。如图 4.27 所示,利用扫描电子显微镜与原子力显微镜（AFM）建立微力测试平台。将多壁碳纳米管阵列与接触面固定在力测试平台两个运动机构的末端,通过法向预压和脱附运动对碳纳米管阵列进行黏附实验。微阵列碳纳米管的直径为 $0.445\ 6\ \mu m$。微阵列碳纳米管面积为 $0.156\ \mu m^2$,长度为 $10\ \mu m$。

　　利用 AFM 微力测试平台对单组多壁碳纳米管阵列进行了黏附力测试。通过预压,使多壁碳纳米管阵列的两端与 AFM 悬臂梁表面接触,接着法向脱附卸载预压载荷,通过正常拉伸将多壁碳纳米管阵列从物体表面分离出来。通过 AFM 悬臂梁的变形,得到了多壁碳纳米管阵列在剥离过程中的法向黏附力,并对其黏附特性进行了分析。图 4.28 所示为多壁碳纳米管阵列在显微镜下的法向脱附过程。

　　上述实验过程中,法向预压量分别为 104.5 nm 和 257.6 nm。实验分析了预压力对碳纳米管阵列黏附特性的影响,总结了单组碳纳米管阵列在各预载荷条件下的最大黏附力,得到的数据见表 4.6。

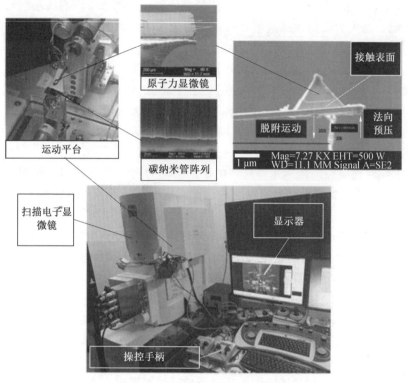

图 4.27　在扫描电子显微镜上搭建的微力测试平台

表 4.6　单组碳纳米管在各预载荷条件下的最大黏附力

最大黏附力 /N ($d = 0.445\ 6\ \mu m$, $S = 0.156\ \mu m^2$)		
预载荷	第 1 次	第 2 次
预压量 /nm	104.5	257.6
预压力 /nN	2.09	5.15
拉伸形变量 /μm	1.067	1.104
黏附力 /nN	21.34	22.08

在微观 AFM 分析碳纳米管阵列黏附力的基础上,通过二维力测试平台(图 4.29),从宏观上测试多壁碳纳米管阵列的黏附性能。碳纳米管阵列的面积为 2 mm×5 mm。

从宏观上测试多壁碳纳米管阵列的黏附性能。接触面分为光滑玻璃和磨砂玻璃两种。正常预压分为 100 mN、250 mN、500 mN。实验分析了预加载和接触表面粗糙度对碳纳米管黏附特性的影响。总结了各参数下碳纳米管的最大黏附力,得到的数据见表 4.7。

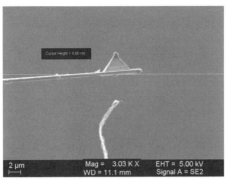

初始位置

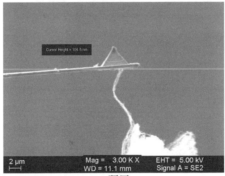

预压

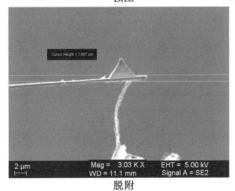

脱附

(a) 预压量为104.5 nm

图 4.28　多壁碳纳米管阵列在显微镜下的法向脱附过程

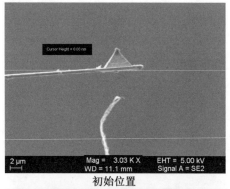

初始位置

预压

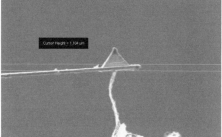

脱附

(b) 预压量为 257.6 nm

续图 4.28

直线导轨

手轮

力传感器

粗糙表面

碳纳米管阵列

光滑表面　　　　　运动平台

显示器

运动平台

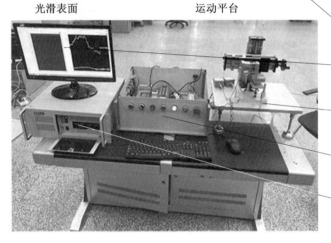

数据采集系统

计算机

图 4.29　二维力测试平台

表 4.7　各参数下碳纳米管阵列的最大黏附力

接触面	脱附方向	黏附力方向	碳纳米管的最大黏附力 /N （5 mm×2 mm = 10 mm²）		
			预压力 100 mN	预压力 250 mN	预压力 500 mN
光滑玻璃	法向	法向	0.125	0.165	0.180
	切向	法向	0.085	0.105	0.110
		切向	0.035	0.040	0.045
磨砂玻璃	法向	法向	0.070	0.105	0.125
	切向	法向	0.050	0.055	0.060
		切向	0.035	0.050	0.055

将实验数据与仿真结果进行分析和比较,得出了以下结论。

① 采用原子力显微镜（AFM）对单组多壁碳纳米管阵列在真空条件下的黏附特性进行了测试,结果表明,施加预压力可以改善碳纳米管的黏附特性,但效果不明显。

② 从宏观上研究了多壁碳纳米管阵列的黏附性能。无论是光滑表面还是粗糙表面,实验得到的单位面积碳纳米管阵列的黏附力要小于仿真得到的结果。而且碳纳米管阵列的法向黏附力和切向黏附力都会随着预载荷的增大而增大。碳纳米管阵列与磨砂玻璃黏附时,黏附力随预载荷增大的趋势变化要更明显。造成这一现象的原因是,实际加工的碳纳米管阵列本身就长短不一,所以需要预载荷增大接触面积,进而增大黏附力。

③ 粗糙度会对碳纳米管阵列的法向黏附力产生负面影响。在相同预压力的情况下,法向黏附力随着粗糙度的增大而减小。随着预压力的增大,粗糙度对碳纳米管阵列法向黏附力的负面影响逐渐减弱。在轻预压力的情况下,粗糙度会对碳纳米管阵列的切向黏附力产生负面影响,切向黏附力随着粗糙度的增大而减小。随着预压力的增大,粗糙度会对碳纳米管阵列的切向黏附力产生正面影响,切向黏附力随着粗糙度的增大呈先增大后减小的趋势。实验得到的粗糙度对黏附力的影响规律与仿真结果一致。

4.3 壁虎绒毛黏附力学模型建立

4.3.1 基于范德瓦耳斯力壁虎绒毛黏附力学模型

壁虎足掌的黏附特性主要是由末端的绒毛垫与接触表面贴合的范德瓦耳斯力实现的。范德瓦耳斯力由三种力组成,分别为取向力、诱导力和色散力。取向力只存在于极性分子或离子之间;诱导力不仅存在于极性分子或离子之间,同时存在于极性分子或离子和非极性分子之间;而色散力存在于一切分子、原子和离子之间。由于电子总会在其平均位置做简谐振动,因此电荷分布将不可避免地发生波动偏离,电子的中心可能偏离原子核正电荷中心而显出瞬时偶极。分子骨架发生相对位移变形并极化,产生诱导偶极矩。

当用范德瓦耳斯力计算且考虑分子间库仑排斥力时,经典的分子间相互作用势用 Lennard—Jones 势函数来表示。在壁虎绒毛结构黏附力求解中,不考虑排斥力,原子之间的范德瓦耳斯相互作用势只考虑色散力的影响。对色散力进行积分可以得到壁虎绒毛垫与接触表面之间的范德瓦耳斯相互作用势为

$$U(d) = -\int_d^{+\infty} \frac{\alpha_1 \alpha_2 \hbar \omega \pi \rho_1}{8r^3} \cdot \frac{1}{(4\pi\varepsilon_0)^2} \rho_2 dr = -\frac{\alpha_1 \alpha_2 \hbar \omega \pi \rho_1 \rho_2}{(4d)^2} \cdot \frac{1}{(4\pi\varepsilon_0)^2} \quad (4.8)$$

式中　　d——两接触表面的间距；

　　　　ε_0——自由空间的介电常数；

　　　　α_1、α_2——绒毛分子和接触表面分子的极化率；

　　　　$\hbar\omega$——电子的基态振动能。

在壁虎脚掌与壁面的接触过程中，末端绒毛垫与接触表面接触力学模型的示意图如图 4.30 所示。

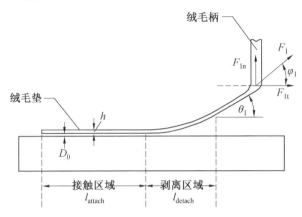

图 4.30　末端绒毛垫与接触表面接触力学模型的示意图

由于绒毛垫的长度远大于绒毛垫的厚度，所以将绒毛垫看作一个具有均匀截面积的柔性薄膜。在绒毛垫受外力作用剥离接触表面的过程中，其势能由弯曲拉伸形变能 U_{b1}、外力势能 U_{p1} 和表面能 U_{s1} 组成。

$$U_{b1}=\int_0^{l_{detach}}\frac{1}{2}EI_1\left(\frac{\mathrm{d}\varphi_1}{\mathrm{d}s}\right)^2\mathrm{d}s+\int_0^{l_{detach}}\frac{1}{2}EA_1\left(\frac{F_{1t}\cos\varphi_1+F_{1n}\sin\varphi_1}{\mathrm{d}s}\right)^2\mathrm{d}s$$

$$(4.9)$$

$$U_{p1}=-\int_{l_{attach}}^{l_{attach}+l_{detach}}(F_{1t}\cos\varphi_1+F_{1n}\sin\varphi_1)\mathrm{d}s-\int_{l_{attach}+l_{detach}}^{l_{attach}+l_{detach}+\Delta l}(F_{1t}\cos\varphi_1+F_{1n}\sin\varphi_1)\mathrm{d}s$$

$$(4.10)$$

$$U_{s1}=-l_{attach}\frac{A}{12\pi D_0^2} \qquad (4.11)$$

式中　　E——弹性模量；

　　　　I_1——惯性矩。

不考虑绒毛垫因外力产生的弯曲弹性势能，$A_1=b'h$。基于 Kendall 模型，得到绒毛垫的绒毛所受外力 F_1 与剥离角度 θ_1 的关系式为

$$\left(\frac{F_1}{b}\right)^2\frac{1}{2hE}+\left(\frac{F_1}{b}\right)(1-\cos\theta_1)-\frac{A}{12\pi D_0^2}=0,\quad A=\frac{3\alpha^2\hbar\omega\pi^2\rho_1\rho_1}{4(4\pi\varepsilon_0)^2}\quad(4.12)$$

式中　　A——Hamaker 常数；

F_1—— 绒毛所受的黏附力；

b—— 绒毛垫的宽度；

E—— 绒毛垫的弹性模量。

不考虑绒毛垫因外力产生的弯曲弹性势能，剥离角度 θ_1 与剥离力在水平方向上的夹角 φ_1 相等。其中有效的载荷方向是垂直于接触表面的，求解上述方程可以得到绒毛的黏附力 F_1 以及法向黏附力 F_{1n} 与剥离角度 θ_1 的关系式为

$$\begin{cases} F_1 = \left(\left((1-\cos\theta_1)^2 (hbE)^2 + 2hb^2 E \dfrac{A}{12\pi D_0^2} \right)^{\frac{1}{2}} - (1-\cos\theta_1)hbE \right) \\ F_{1n} = F_1 \sin\theta_1 \end{cases}$$

(4.13)

一般物质的 Hamaker 常数在 $10^{-20} \sim 10^{-19}$ J 之间，取 D_0 为 0.3 nm，代入式 (4.13) 得到黏附力与剥离角度之间的关系如图 4.31 所示。

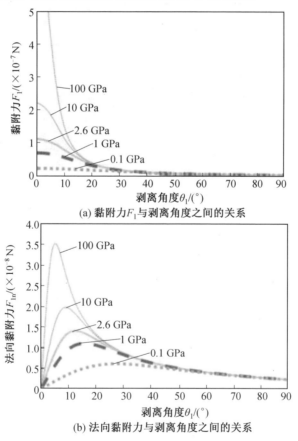

(a) 黏附力 F_1 与剥离角度之间的关系

(b) 法向黏附力与剥离角度之间的关系

图 4.31 黏附力与剥离角度之间的关系（E 取不同值）

绒毛垫的黏附力与单位面积上的表面能成正比。当表面能一定时，法向黏

附力会随着剥离角度的增大而减小。原因是剥离角度的增大会延长绒毛的脱附距离,而表面能实际上是黏附力在剥离方向上的积分,所以黏附力会随着剥离距离的减小而增大。

刚毛系统的材料全部为 P－角蛋白,弹性模量为 $E=2.6\,\mathrm{GPa}$,当剥离角度为 $12.63°$ 时,绒毛所提供的法向黏附力最大,可达 $14.1\,\mathrm{nN}$,则 F_1 最大为 $64.5\,\mathrm{nN}$。图 4.32 所示为末端绒毛与接触表面接触力学模型示意图。

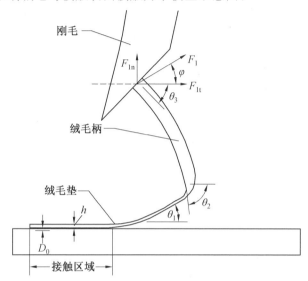

图 4.32　末端绒毛与接触表面接触力学模型示意图

在建立的绒毛垫力学模型的基础上建立绒毛柄的力学模型,绒毛柄的总势能为

$$U_{l2} = U_{b2} + U_{p2} = \int_0^{l_2} \frac{1}{2} EI \left(\frac{\mathrm{d}\theta}{\mathrm{d}s}\right)^2 \mathrm{d}s - F_{1t} \left(l_2 \cos\theta_3 - \int_0^{l_2} \cos\theta \mathrm{d}s\right) -$$
$$F_{1n} \left(\int_0^{l_2} \sin\theta \mathrm{d}s - l_2 \sin\theta_3\right) \tag{4.14}$$

当系统处于平衡状态时,系统总的势能取极小值,U_{l2} 对 θ 的变分导数等于 0。

$$-F_{1t} \sin\theta - F_{1n} \cos\theta - EI \frac{\mathrm{d}^2\theta}{\mathrm{d}s^2} = 0 \tag{4.15}$$

对式(4.14)积分得

$$\frac{1}{2} EI \left(\frac{\mathrm{d}\theta}{\mathrm{d}s}\right)^2 - F_{1t} \cos\theta + F_{1n} \sin\theta - M = 0 \tag{4.16}$$

令 $F_1 = \sqrt{F_{1n}^2 + F_{1t}^2}$、$\tan\varphi = \dfrac{F_{1n}}{F_{1t}}$,推导式(4.16)可以得到如下积分公式:

$$\int_0^l \sqrt{\frac{M+F_1}{2EI}} \, \mathrm{d}s = \int_{\frac{\theta_3+\varphi}{2}}^{\frac{\theta_2+\varphi}{2}} \frac{\mathrm{d}\gamma}{\sqrt{1 - \dfrac{2F_1}{M+F_1}\sin^2\gamma}}, \quad \gamma = \frac{\theta+\varphi}{2} \qquad (4.17)$$

当 $s=l$、$\theta=\theta_2$、$\dfrac{\mathrm{d}\theta}{\mathrm{d}s}=0$、$M=-F_1\cos(\theta_2+\varphi)$ 时,将 M 代入式(4.17)可以得到如下公式:

$$\int_0^l \sqrt{\frac{F_1(1-\cos(\theta_2+\varphi))}{2EI}} \, \mathrm{d}s = \int_{\frac{\theta_3+\varphi}{2}}^{\frac{\theta_2+\varphi}{2}} \frac{\mathrm{d}\gamma}{\sqrt{1 - \dfrac{2}{1-\cos(\theta_2+\varphi)}\sin^2\gamma}}, \quad \gamma = \frac{\theta+\varphi}{2}$$
$$(4.18)$$

简化式(4.18)得到

$$\int_0^l \sqrt{\frac{F_1}{EI}} \, \mathrm{d}s = \int_{\frac{\theta_3+\varphi}{2}}^{\frac{\theta_2+\varphi}{2}} \frac{\mathrm{d}\gamma}{\sin\dfrac{\theta_2+\varphi}{2}\sqrt{1 - \dfrac{\sin^2\gamma}{\sin^2\dfrac{\theta_2+\varphi}{2}}}}, \quad \gamma = \frac{\theta+\varphi}{2} \qquad (4.19)$$

当 $\theta(0)=\theta_3$、$\theta(l)=\theta_2$,$F_{1t}=0$ 时,绒毛柄没有弯曲,$\theta_2=\theta_3$,θ 会随着 F_{1n} 以及 s 的增大而增大,同时 $\theta_3<\theta(s)<\theta_2<\pi-\varphi$,$0\leqslant\gamma\leqslant\dfrac{\theta_2+\varphi}{2}\leqslant\dfrac{\pi}{2}$,所以式(4.19)中 $0\leqslant\dfrac{\sin\gamma}{\sin\dfrac{\theta_2+\varphi}{2}}\leqslant1$,令 $\dfrac{\sin\gamma}{\sin\dfrac{\theta_2+\varphi}{2}}=\sin t$,$\gamma=\arcsin\left(\sin\dfrac{\theta_2+\varphi}{2}\sin t\right)$,求 γ 关于 t 的微分得到如下公式:

$$\mathrm{d}\gamma = \frac{1}{\sqrt{1-\sin^2\dfrac{\theta_2+\varphi}{2}\sin^2 t}}\sin\frac{\theta_2+\varphi}{2}\cos t \, \mathrm{d}t \qquad (4.20)$$

将式(4.20)代入式(4.19)得到

$$\int_0^l \sqrt{\frac{F_1}{EI}} \, \mathrm{d}s = \int_{\arcsin\frac{\sin\frac{\theta_3+\varphi}{2}}{\sin\frac{\theta_2+\varphi}{2}}}^{\frac{\pi}{2}} \frac{\dfrac{1}{\sqrt{1-\sin^2\dfrac{\theta_2+\varphi}{2}\sin^2 t}}\sin\dfrac{\theta_2+\varphi}{2}\cos t \, \mathrm{d}t}{\sin\dfrac{\theta_2+\varphi}{2}\sqrt{1-\sin^2 t}}$$

$$= \int_{\arcsin\frac{\sin\frac{\theta_3+\varphi}{2}}{\sin\frac{\theta_2+\varphi}{2}}}^{\frac{\pi}{2}} \frac{1}{\sqrt{1-\sin^2\dfrac{\theta_2+\varphi}{2}\sin^2 t}} \, \mathrm{d}t,$$

$$t = \arcsin\frac{\sin\dfrac{\theta_3+\varphi}{2}}{\sin\dfrac{\theta_2+\varphi}{2}} \qquad (4.21)$$

求解式(4.21),可以得到 F_1 和 θ_2 之间的关系式为

$$l\sqrt{\frac{F_1}{2EI}}=F\left(\frac{\pi}{2},\sin^2\frac{\theta_2+\varphi}{2}\right)-F\left(\arcsin\frac{\sin\dfrac{\theta_3+\varphi}{2}}{\sin\dfrac{\theta_2+\varphi}{2}},\sin^2\frac{\theta_2+\varphi}{2}\right) \quad (4.22)$$

式中 $F(\theta,m)$ ——第一类非完全椭圆积分, $F(\theta,m)=\displaystyle\int_0^\theta\frac{\mathrm{d}t}{\sqrt{1-m\sin^2 t}}$ 。

又知 $I=\pi d^4/64$,可同时得到绒毛柄曲率的参数方程为

$$\theta'(s;l)=\sqrt{\frac{2F_1(\cos(\theta-\varphi)-\cos(\theta_2-\varphi))}{EI}} \quad (4.23)$$

由式(4.18)和式(4.19)可以得到绒毛垫剥离力与绒毛柄末端弯矩的变化关系,如图 4.33 所示。

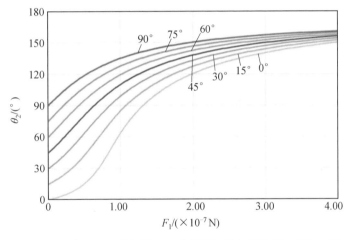

图 4.33   绒毛垫剥离力与绒毛柄末端弯矩的变化关系(不同 θ_3 值)

4.3.2   基于机械锁合力壁虎绒毛黏附力学模型

通过对壁虎绒毛结构的研究发现,其绒毛柄初始状态像钩一样向内弯曲,同时具有一定的刚度。对于粗糙表面,利用绒毛柄与接触表面微凹谷、凸峰形成机械锁合,产生一定的黏附力。基于此建立绒毛柄与粗糙接触表面机械锁合接触力学模型示意图如图 4.34 所示。

绒毛柄端部与不同倾斜角度的坡面接触锁死时法向黏附力与切向黏附力的最大比值如图 4.35 所示,其中将粗糙表面的微凹谷、凸峰结构均假设成具有一定倾斜角的坡面。 F_{1t} 为绒毛柄受到的切向黏附力。建立绒毛柄端部与倾斜坡面的摩擦力学方程组为

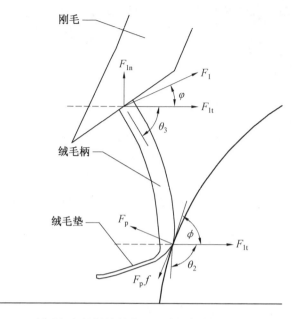

图 4.34 绒毛柄与粗糙接触表面机械锁合接触力学模型示意图

$$\begin{cases} F_p(f\cos\phi + \sin\phi) = F_1\cos\varphi \\ F_p(f\sin\phi - \cos\phi) = F_1\sin\varphi \end{cases} \tag{4.24}$$

求解式(4.24)，即可得到绒毛柄端部与不同倾斜角度的坡面接触锁死时法向黏附力与切向黏附力的最大比值。

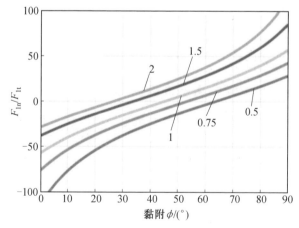

图 4.35 绒毛柄端部与不同倾斜角度的坡面接触锁死时法向黏附
力与切向黏附力的最大比值(不同 f 值)

绒毛柄实现机械锁合的前提是绒毛柄的端部与坡面接触时不会出现滑动，能否实现机械锁合与坡面的倾斜角度和拉伸力的拉伸方向有关，与拉伸力的大小无关。当绒毛柄实现机械锁合时,随着黏附力 F_1 的变大,绒毛柄开始变形,θ_2 逐渐变大,当 $\theta_2 = \pi - \phi$ 时,绒毛柄与坡面的夹角为零,绒毛柄的侧面与坡面接触,机械锁合失效,绒毛柄与接触表面脱附。黏附力 F_1 与 θ_2 的关系式(4.22)已经在上一节求出。将式(4.24)代入式(4.22)中,可以得到绒毛所受到机械锁死力提供的法向最大黏附力与微观锁合接触面的倾斜角度、接触面的摩擦系数以及绒毛的拉伸角度的关系式为

$$l\sqrt{\frac{F_1}{2EI}} = F\left(\frac{\pi}{2}, \sin^2 \frac{\pi - \phi + \arctan \dfrac{f\tan\phi - 1}{f + \tan\phi}}{2}\right) -$$

$$F\left(\arcsin \frac{\sin \dfrac{\theta_3 + \arctan \dfrac{f\tan\phi - 1}{f + \tan\phi}}{2}}{\sin \dfrac{\pi - \phi + \arctan \dfrac{f\tan\phi - 1}{f + \tan\phi}}{2}},\right.$$

$$\left. \sin^2 \frac{\pi - \phi + \arctan \dfrac{f\tan\phi - 1}{f + \tan\phi}}{2}\right)$$

$$F_{1n} = F_1 \sin \varphi \tag{4.25}$$

当接触表面的摩擦系数 $f = 1$,坡面角度分别为 $60°$、$75°$ 和 $90°$ 时,最大黏附力 F_1 与剥离角度之间的关系曲线如图 4.36 所示。

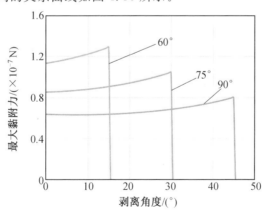

图 4.36　最大黏附力 F_1 与剥离角度之间的关系曲线

最大法向黏附力 F_{1n} 与剥离角度之间的关系曲线如图 4.37 所示。

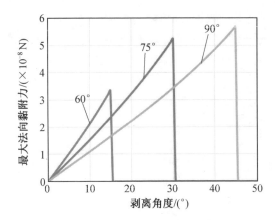

图 4.37　最大法向黏附力 F_{1n} 与剥离角度之间的关系曲线

4.3.3　基于离散元壁虎绒毛多级黏附结构的建模和仿真分析

基于绒毛的几何模型,通过离散元方法,以颗粒堆积的方式建立壁虎绒毛微观结构与接触表面的仿真模型。通过先预压再剥离的方式对绒毛黏附特性进行仿真研究。分析基于范德瓦耳斯力和机械锁合力的壁虎绒毛黏附力学特性。

下面采用微接触理论分析绒毛黏附与脱附的详细过程。微纳米结构由于具有较大的比表面积,其表面能量不可忽视甚至会占据主导地位,这即是由尺度效应带来的表面效应。JKR接触理论为微尺度下的经典接触理论,是Hertz接触理论的延伸,认为黏连作用仅存在于接触面上,两个颗粒的接触示例图如图4.38所示。

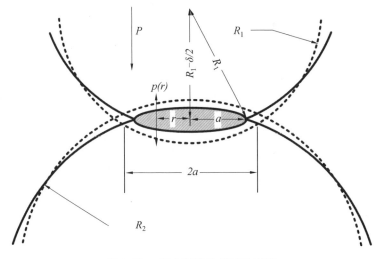

图 4.38　两个颗粒的接触示例图

设两个颗粒的半径分别为 R_1 和 R_2，弹性模量分别为 E_1 和 E_2，泊松比分别为 ν_1 和 ν_2。两个弹性球体的接触问题等价于一个半径为 R 的刚性球与一个等效弹性模量为 E 半径无限大弹性体的接触问题。R 和 E 的公式为

$$R = \frac{R_1 R_2}{R_1 + R_2}, \quad E = \frac{4}{3\left(\frac{1-\nu_1^2}{E_1} + \frac{1-\nu_2^2}{E_2}\right)} \tag{4.26}$$

在 JKR 接触理论模型下，接触区内的法向应力分布和压入量 δ 分别为

$$p(r) = \frac{3aE}{2\pi R}\sqrt{1-\left(\frac{r}{a}\right)^2} - \frac{\sqrt{\frac{3EW}{2\pi a}}}{\sqrt{1-\left(\frac{r}{a}\right)^2}} \tag{4.27}$$

$$\delta = \frac{a^2}{R} \tag{4.28}$$

式（4.27）的两部分中，第一项为 Hertz 压力；第二项为表面能引起的拉伸应力，且在接触区边缘具有平方根奇异性。法向外力 P 与接触半径的关系式为

$$\begin{aligned}
P &= 2\pi\int_0^a rp(r)\,\mathrm{d}r \\
&= 2\pi\int_0^a r\left[\frac{3aE}{2\pi R}\sqrt{1-\left(\frac{r}{a}\right)^2} - \frac{\sqrt{\frac{3EW}{2\pi a}}}{\sqrt{1-\left(\frac{r}{a}\right)^2}}\right]\mathrm{d}r \\
&= \frac{a^3 E}{R} - \sqrt{6\pi EWa^3}
\end{aligned} \tag{4.29}$$

式中　　R——等效半径；

　　　　E——等效弹性模量；

　　　　W——接触面黏附功。

颗粒的变形是因为受到施加的法向外力 P 和接触部分黏附力的作用，当没有施加的法向外力 P 时，随着拉伸载荷的增大接触半径 a 会越来越小。对式（4.29）求极值，可以得出颗粒之间的最大脱附力 P 为

$$P = -\frac{3}{2}\pi RW \tag{4.30}$$

而此时的最小接触半径为

$$a_{\min} = \sqrt[3]{\frac{3\pi WR^2}{2E}} \tag{4.31}$$

基于 JKR 接触模型，建立壁虎足端单根绒毛与接触表面的离散元模型。图 4.39 所示为壁虎绒毛与接触表面接触力学模型的示意图，绒毛垫颗粒半径为 4 nm，绒毛柄颗粒的半径为 10 nm。通过 Bonding 模型实现颗粒间的黏附来建

立绒毛垫和绒毛柄模型。在离散元软件中,用 JKR 接触模型模拟绒毛垫颗粒与接触表面之间的范德瓦耳斯力,黏附功为 $W = 2~\mathrm{mJ/m^2}$,单个颗粒与接触表面的最大黏附力为 $F_1 = 1.5\pi RW = 3.7 \times 10^{-2}\,\mathrm{nN}$。

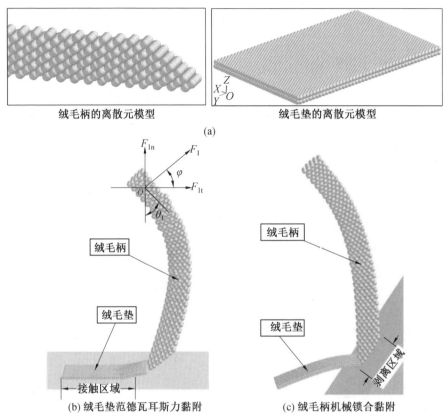

绒毛柄的离散元模型　　　　　绒毛垫的离散元模型

(a)

(b) 绒毛垫范德瓦耳斯力黏附　　　(c) 绒毛柄机械锁合黏附

图 4.39　壁虎绒毛与接触表面接触力学模型的示意图

图 4.40 所示为绒毛垫黏附脱附的离散元仿真过程,通过先预压使得绒毛垫黏附在接触表面上,再通过拉伸使得绒毛垫脱附。

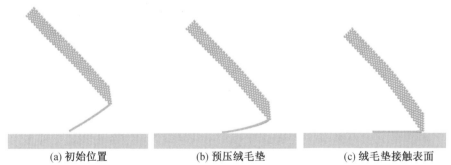

(a) 初始位置　　　　　(b) 预压绒毛垫　　　　　(c) 绒毛垫接触表面

图 4.40　绒毛垫黏附脱附的离散元仿真过程

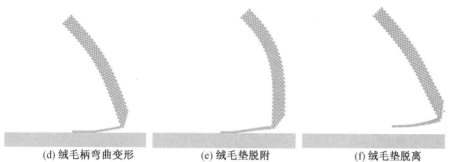

(d) 绒毛柄弯曲变形　　　　(e) 绒毛垫脱附　　　　(f) 绒毛垫脱离

续图 4.40

分别对拉力角度为 25°、15°、10° 和 8° 的绒毛脱附过程进行仿真分析,如图 4.41 所示,分析脱附角度对绒毛垫的黏附特性以及绒毛柄末端弯矩的影响。

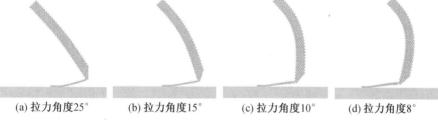

(a) 拉力角度25°　　(b) 拉力角度15°　　(c) 拉力角度10°　　(d) 拉力角度8°

图 4.41　四种拉力角度下绒毛的脱附过程

针对四种拉力角度绒毛脱附过程的仿真得到的接触表面黏附力变化曲线如图 4.42 所示。

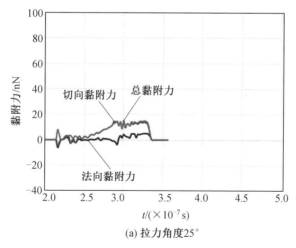

(a) 拉力角度25°

图 4.42　接触表面黏附力变化曲线

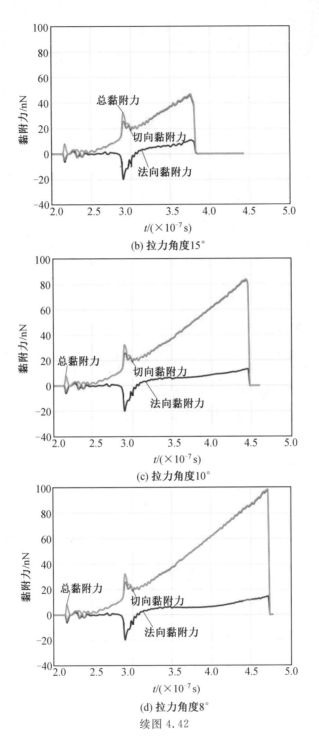

(b) 拉力角度15°

(c) 拉力角度10°

(d) 拉力角度8°

续图 4.42

最大黏附力随着拉力角度的增大而减小,当拉力角度为 8° 时,绒毛的最大黏附力可以达到 100 nN,当拉力角度增大到 25° 时,绒毛的最大黏附力减小到 15 nN。

　　图 4.43 所示为绒毛柄机械锁合黏附脱附的离散元仿真过程,通过先预压使得绒毛柄的端部锁合在接触表面上,再通过拉伸使得绒毛柄弯曲变形直到脱附。

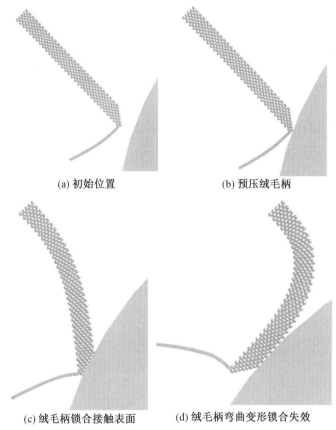

(a) 初始位置　　　　　　　　(b) 预压绒毛柄

(c) 绒毛柄锁合接触表面　　(d) 绒毛柄弯曲变形锁合失效

图 4.43　绒毛柄机械锁合黏附脱附的离散元仿真过程

　　分别对不同倾角的斜面机械锁合接触进行仿真,倾斜角度分别为 90°、80°、70°、60°、50° 和 40°。图 4.44 所示为四种拉力角度下绒毛的脱附过程,针对不同倾斜角度的接触面,分析机械锁合力可以提供多大的法向黏附力,分析接触面的倾斜角度对绒毛柄的机械锁合黏附特性以及绒毛柄末端弯矩的影响。

　　针对四种倾斜接触面机械锁合黏附过程的仿真得到的接触表面黏附力变化曲线如图 4.45 所示。

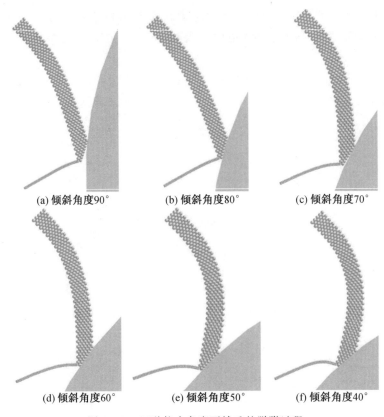

(a) 倾斜角度90°　　(b) 倾斜角度80°　　(c) 倾斜角度70°

(d) 倾斜角度60°　　(e) 倾斜角度50°　　(f) 倾斜角度40°

图 4.44　四种拉力角度下绒毛的脱附过程

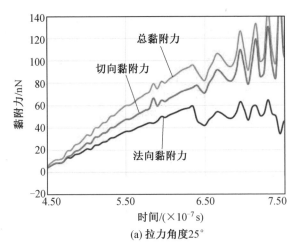

(a) 拉力角度25°

图 4.45　接触表面黏附力变化曲线

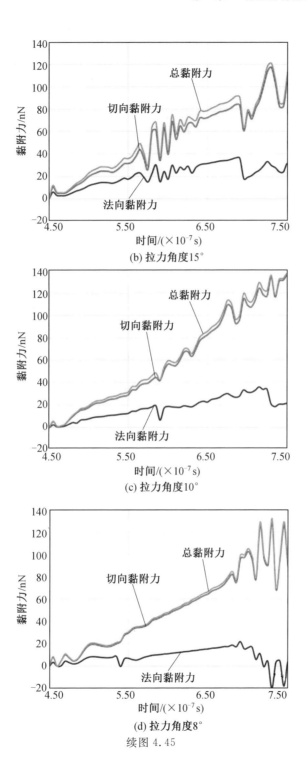

(b) 拉力角度15°

(c) 拉力角度10°

(d) 拉力角度8°

续图 4.45

同时利用原子力显微镜（AFM）微力测试平台对单个壁虎绒毛的黏附力进行测试。通过预压，使壁虎末端绒毛与 AFM 悬臂梁的表面接触，然后去除法向预紧力。最后，通过正常拉伸将基座与物体表面分离。通过 AFM 悬臂梁的变形，得到了其在剥离过程中的正常黏附力，并对其黏附力特性进行了分析。图 4.46 所示为单个壁虎绒毛的黏附和脱附过程。

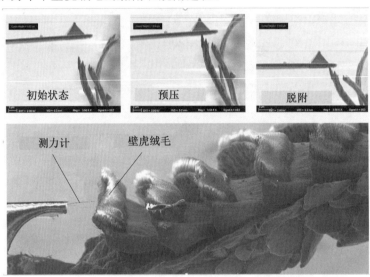

图 4.46　单个壁虎绒毛的黏附和脱附过程

4.4　仿生附着微结构黏附特性及优化设计

基于黏附足微阵列的结构设计及仿真建模的方式，对不同结构参数的微阵列分别建模并进行脱附仿真。针对垂直微阵列结构，纤维长度为 L、直径为 D 以及阵列间距为 m 是三个表征阵列结构的基本参数，图 4.47 所示为微阵列结构参数示意图。

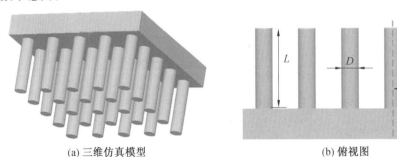

(a) 三维仿真模型　　　　　　　　(b) 俯视图

图 4.47　微阵列结构参数示意图

结合相关文献中的分析以及国内外研究微阵列的常用参数,按照矩阵图法制定出若干组工况,对微阵列的脱附过程进行仿真,黏附特性仿真工况见表 4.8。

表 4.8   黏附特性仿真工况

工况编号	直径 D /μm	长度 L /μm	间距 m /μm	长径比	工况编号	直径 D /μm	长度 L /μm	间距 m /μm	长径比
1	4	12	10	3	10	8	48	14	6
2	4	24	10	6	11	8	48	16	6
3	6	12	9	2	12	8	48	20	6
4	6	18	9	3	13	9	27	16	3
5	6	48	9	8	14	10	12	25	1.2
6	8	8	20	1	15	10	24	25	2.4
7	8	12	20	1.5	16	10	48	16	4.8
8	8	24	20	3	17	12	48	18	4
9	8	48	12	6					

4.4.1   间距对黏附特性的影响规律

微阵列通过间距的不同,使得阵列密度不同,可直接改变整体微阵列中刚毛与接触面之间的接触数量。仿真工况 9、10、11、12 微阵列刚毛具有相同的直径和长度,只有阵列间距不同,因此从总工况表中提取四组工况进行间距对黏附力影响的分析,仿真工况见表 4.9。

表 4.9   阵列间距仿真工况

工况编号	直径 /μm	长度 /μm	间距 /μm	接触面积 /($\times 10^{-9}$ m^2)	最大法向黏附力 /($\times 10^{-5}$ N)	最大切向黏附力 /($\times 10^{-5}$ N)	单位面积最大法向黏附力 /($\times 10^{4}$ N·m^{-2})	单位面积最大切向黏附力 /($\times 10^{4}$ N·m^{-2})
9	8	48	12	4.216 99	9.577 61	6.797 69	2.977 19	2.113 06
10	8	48	14	2.463 01	7.615 04	5.285 58	4.091 76	2.145 98
11	8	48	16	1.809 56	5.472 03	4.866 41	4.023 95	2.136 65
12	8	48	20	1.256 64	4.840 51	2.667 51	4.056 16	2.122 72

将表 4.9 中的数据作图,得到不同间距下微阵列最大法向黏附力与最大切向黏附力的变化曲线,如图 4.48 所示。

从图 4.48 中可以看出,随着微阵列间距的增大,其整体的法向黏附力和切向

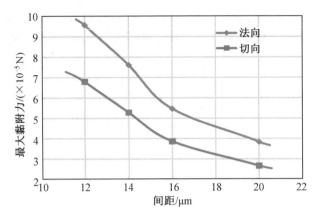

图 4.48　最大黏附力随间距变化的曲线

黏附力均逐渐降低,且降低趋势一致,这是因为间距的变化并没有导致阵列中每根刚毛结构的变化,因此几乎没有变形情况,所以法向黏附力和切向黏附力之间的比值不变。阵列间距的增大导致阵列与几何体之间的接触刚毛数量增加,同时也大大增加了有效接触面积。当接触面积一定时,获得单位面积最大黏附力随间距变化的曲线如图 4.49 所示。

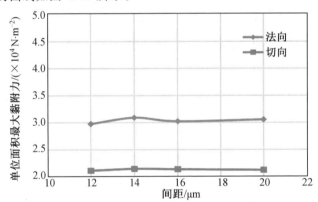

图 4.49　单位面积最大黏附力随间距变化的曲线

从图 4.49 中可以看出,单位面积最大黏附力几乎不受间距影响,即面积一定时,间距越小(密度越大)接触面积越大,使得整体微阵列的黏附力大大增加。

4.4.2　接触面积对黏附特性的影响规律

由 4.4.1 节结论引出黏附力的次级影响因素是接触面积。阵列密度的不同和刚毛直径的不同都会导致微阵列的接触面积不同,因此本节针对接触面积这一因素进行黏附特性的影响分析。将不同结构参数下的所有工况数据结果导入 MATLAB 中绘制散点图并进行曲线拟合,分别得到最大法向黏附力和最大切向黏附力随接触面积变化的散点图,如图 4.50 所示。

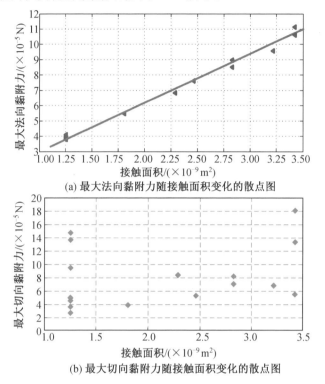

(a) 最大法向黏附力随接触面积变化的散点图

(b) 最大切向黏附力随接触面积变化的散点图

图 4.50   最大黏附力随接触面积变化的散点图

从图 4.50(a) 中可以看出,在接触面积相同的情况下,微阵列的最大法向黏附力几乎不变,而随着接触面积的增大,最大法向黏附力逐渐增大,因此可以得出接触面积是影响最大法向黏附力的重要因素。

关于接触面积对最大法向黏附力的影响作用,由于最大法向黏附力在黏附功一定时只与两接触物体的等效半径有关,在 EDEM 中接触表面的接触半径可认为无穷远,因此等效半径即为刚毛端部小颗粒的半径。在仿真模型中,刚毛均由半径相同的小颗粒组成,颗粒接触表面的有效个数决定了法向黏附力的大小,而有效接触面积越大,接触颗粒越多,但由于边界效应等,接触面积与接触颗粒数不完全成正比关系,因此在接触面积相同时,不同结构微阵列的黏附力有小幅度的误差。

从图 4.50(b) 中可以看出,在接触面积相同时,不同结构的微阵列得出的最大切向黏附力相差较大,且随着接触面积的增大,最大切向黏附力呈不规则变化,因此可以得出,接触面积并不是影响微阵列最大切向黏附力的主要因素。

分析切向黏附力的不规则变化,由第 2 章微阵列的切向脱附过程可知,切向黏附力包括摩擦力和法向黏附力的侧向分量,摩擦力不受接触面积的影响,由于刚毛结构的不同,其法向黏附力的侧向分量对切向黏附力的贡献不尽相同,因此确定切向黏附力的大小需对其他结构因素进行探讨。

为了更直观了解接触面积对法向黏附力和切向黏附力的影响,本书对数据进行了处理,得到单位面积最大黏附力,处理后得到所有工况的单位面积最大黏附力分布,如图 4.51 所示。

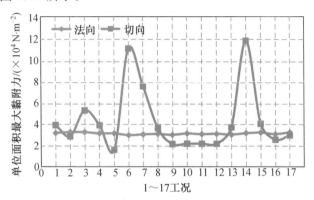

图 4.51　单位面积最大黏附力分布

从图 4.51 中可以看出,法向黏附力分布集中,切向黏附力分布分散。因此认为,影响法向黏附力的最大因素是接触面积,而影响切向黏附力的还有其他重要因素。

由于长径比、直径、密度等因素间接影响接触面积,因此为了便于单因素分析结构参数的影响规律,下面主要针对单位面积黏附力进行结构参数对黏附力大小影响规律的对比分析。

4.4.3　长度对黏附特性的影响规律

工况 6、7、8、12 具有相同的直径($8~\mu m$)和不同的长度,因此用来研究刚毛长度对黏附特性的影响,仿真工况见表 4.10。

表 4.10　刚毛长度仿真工况

工况编号	直径 /μm	长度 /μm	间距 /μm	长径比	单位面积最大法向黏附力/($\times 10^4$ N·m^{-2})	单位面积最大切向黏附力/($\times 10^4$ N·m^{-2})
3	6	12	9	2	4.254 02	5.276 94
4	6	18	9	3	4.124 38	4.892 01
5	6	48	9	8	4.130 17	1.601 91
6	8	8	20	1	2.958 03	11.047 9
7	8	12	20	1.5	4.025 01	7.520 05

续表4.10

工况 编号	直径 /μm	长度 /μm	间距 /μm	长径比	单位面积最大法向 黏附力 /($\times 10^4$ N·m^{-2})	单位面积最大切向 黏附力 /($\times 10^4$ N·m^{-2})
8	8	24	20	3	4.057 85	4.601 70
12	8	48	20	6	4.056 16	2.122 72
14	10	12	25	1.2	4.101 72	11.737 6
15	10	24	25	2.4	4.154 21	4.968 16
16	10	48	16	4.8	4.011 25	2.488 89

将上述工况按照直径为 6 μm、8 μm、10 μm 分别进行绘图,得出不同直径情况下单位面积最大法向黏附力与最大切向黏附力随长度变化的曲线,如图 4.52 所示。

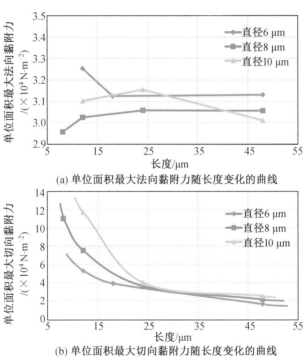

(a) 单位面积最大法向黏附力随长度变化的曲线

(b) 单位面积最大切向黏附力随长度变化的曲线

图 4.52   单位面积最大黏附力随长度变化的曲线

从图 4.52(a) 中可以看出,随着刚毛长度的增加,单位面积最大法向黏附力在很小的范围内起伏,经分析产生波动主要是因为脱附时不同长度的刚毛伸长量不同导致的脱附状态不同。因此可以认为,在绝对光滑平面下,刚毛长度几乎不影响法向黏附力,这与JKR接触模型得出的理论结果相符。

从图 4.52(b) 中可以看出,随着刚毛长度的增加,单位面积最大切向黏附力急剧减小,且随着长度的增加,减小的趋势变慢。说明刚毛长度对切向黏附力影响较大,且长度越短,切向黏附力越大,切向黏附力增长率越大。在刚毛长度较短时,直径的大小对切向黏附力的影响较大;在刚毛长度较长时,对切向黏附力的影响较小。

可将刚毛等效为悬臂梁进行该影响规律的理论分析。刚毛脱附过程受力分析示意图如图 4.53 所示。

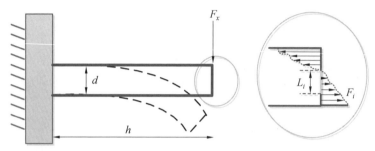

图 4.53　刚毛脱附过程受力分析示意图

4.4.4　直径对黏附特性的影响规律

工况 1、3、7、14 组均为刚毛长度为 12 μm,直径从 4 μm 到 10 μm 不等的微阵列;工况 2、8、15 均为刚毛长度为 24 μm 的直径不等微阵列;工况 5、12、16、17 均为长度为 48 μm 的直径不等微阵列。刚毛直径仿真工况见表 4.11。

表 4.11　刚毛直径仿真工况

工况编号	直径/μm	长度/μm	间距/μm	长径比	单位面积最大法向黏附力/($\times 10^4$ N·m^{-2})	单位面积最大切向黏附力/($\times 10^4$ N·m^{-2})
1	4	12	10	3	4.181 89	4.921 47
3	6	12	9	2	4.254 02	5.276 94
7	8	12	20	1.5	4.025 01	7.520 05
14	10	12	25	1.2	4.101 72	11.737 6
2	4	24	10	6	4.260 59	2.861 83
8	8	24	20	3	4.057 85	4.601 70
15	10	24	25	2.4	4.154 21	4.968 16
5	6	48	9	8	4.130 17	1.601 91
12	8	48	20	6	4.056 16	2.122 72
16	10	48	16	4.8	4.011 25	2.488 89
17	12	48	18	4	4.177 16	2.892 44

通过对比各组数据可以明显看出,直径几乎不影响单位面积最大法向黏附力,也就是说在面积一定时,刚毛越细,占空比越高,黏附力就会越大。单位面积最大切向黏附力随直径的变化趋势如图 4.54 所示。

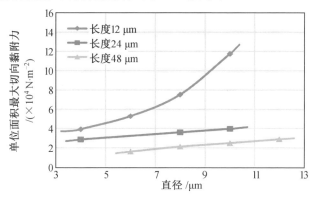

图 4.54　单位面积最大切向黏附力随直径的变化趋势

从图 4.54 中可以看出,在刚毛长度一定的情况下,单位面积最大切向黏附力随直径的增加逐渐增加;三组对比可以看出,下面两条线几乎呈线性增长且变化率较小,上面一条线是刚毛长度较小的一组,其变化率明显增大。即当刚毛长度较大时,最大切向黏附力随直径的增加变化率较小;当刚毛长度较小时,最大切向黏附力随直径的增加变化率较大。说明相对于直径,最大切向黏附力对刚毛长度的敏感度更高。

当刚毛长度一定时,直径越大,法向黏附力的作用半径 L_i 越大,且直径的增大使得端部颗粒数量大大增加,法向黏附力增大,因此呈现直径越大切向黏附力越大的趋势;当刚毛长度较小时,变形较小,即将脱附时端部颗粒几乎同时拉伸变形,因此随着直径的增大,总法向黏附力随颗粒数的增加而增大;当刚毛长度较大时,变形较大,结合脱附过程可以发现,脱附方式为右端颗粒逐渐剥离,同时参与脱附的颗粒数量较少,因此切向黏附力随直径的增大而缓慢增加。

4.4.5　长径比对黏附特性的影响规律

长径比是指刚毛的纤维长度和直径之比,大长径比的柱状刚毛结构相对小长径比的刚毛结构更容易变形,脱附的失效方式也不完全相同。单根刚毛在水平脱附瞬间的变形状态按照长径比从小到大排列如图 4.55 所示。其中,为了更直观观察脱附变形状态,在 EDEM 后处理中采用 Bonding 黏结键的方式视图,不显示颗粒。

从图 4.55 中可以看出,长径比较小的刚毛在黏附足运动较小的位移范围内即可实现脱附,结合仿真脱附过程得出,脱附失效形式主要为滑动失效;长径比

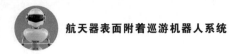

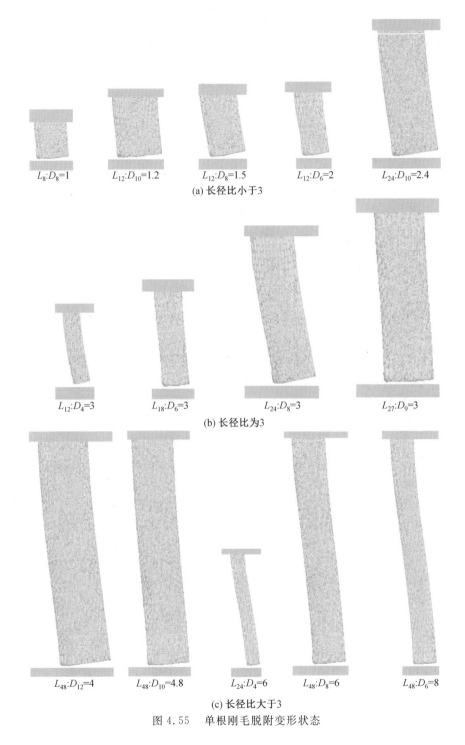

L_8:D_8=1 L_{12}:D_{10}=1.2 L_{12}:D_8=1.5 L_{12}:D_6=2 L_{24}:D_{10}=2.4

(a) 长径比小于3

L_{12}:D_4=3 L_{18}:D_6=3 L_{24}:D_8=3 L_{27}:D_9=3

(b) 长径比为3

L_{48}:D_{12}=4 L_{48}:D_{10}=4.8 L_{24}:D_4=6 L_{48}:D_8=6 L_{48}:D_6=8

(c) 长径比大于3

图 4.55 单根刚毛脱附变形状态

较大的刚毛由于产生柔性变形,从黏附到脱附的时间相对较长,移动范围相对较大,再结合整个脱附仿真过程可以得出,其脱附失效形式主要为倾覆失效。另外,对于同一长径比的不同刚毛结构,可以看出其尺寸越小越细,变形量越大。

将表 4.8 中所有工况按照长径比进行排列,水平脱附的情况下单位面积最大切向黏附力随长径比变化的趋势如图 4.56 所示。

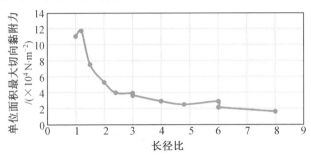

图 4.56　单位面积最大切向黏附力随长径比变化的趋势

从图 4.56 中可以看出,随着长径比的增大,单位面积最大切向黏附力整体呈减小的趋势。但是其中第一个点(即长径比为 1、长度为 8 μm、直径为 8 μm)的微阵列黏附力小于第二个点(即长径比为 1.2、长度为 12 μm、直径为 10 μm)的微阵列黏附力。结合仿真过程中微阵列的变形脱附过程,分析其原因是,前者由于长径比过小,脱附时几乎没有发生变形,因此法向黏附力的侧向分量很小,刚毛端部几乎直接滑移脱附失效。由此可知,减小长径比可以增大切向黏附力,但过小的长径比使刚毛更易滑移失效,反而降低阵列的切向黏附力。

由于在长径比相同时,出现黏附力大小不同的情况,因此针对长径比为 3 的四组工况进行数据分析,仿真工况见表 4.12。

表 4.12　相同长径比仿真工况

工况编号	直径 /μm	长度 /μm	间距 /μm	长径比	单位面积最大法向黏附力 /($\times 10^4$ N·m^{-2})	单位面积最大切向黏附力 /($\times 10^4$ N·m^{-2})
1	4	12	10	3	4.181 89	4.921 47
4	6	18	9	3	4.124 38	4.892 01
8	8	24	20	3	4.057 85	4.601 70
13	9	27	16	3	2.980 54	4.655 19

为了更直观地分析同一长径比下不同尺寸结构对切向黏附力的影响,根据数据作图,可以得到单位面积最大切向黏附力随直径变化的曲线,如图 4.57 所示。

从图 4.57 中可以看出,直径较小的两组工况的黏附力比直径较大的两组工

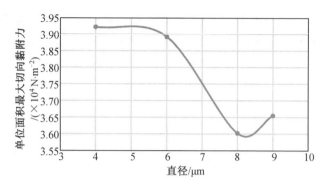

图 4.57　同一长径比下单位面积最大切向黏附力随直径变化的曲线

况的黏附力要大,但总体的波动范围较小。说明长径比不是唯一制约单位面积最大切向黏附力的因素,相同长径比的情况下,直径越小,切向黏附力相对越大,在面积一定时,直径的减小会使有效接触面积增大,进而增大整体微阵列的切向黏附力。根据以上仿真结果可以总结得出,影响法向黏附力的主要因素为接触面积和间距,且随着微阵列与黏附表面间接触面积的增大而几乎呈线性增大,整体微阵列黏附力随间距的减小而显著增大;次要因素为刚毛长度和直径,随着直径的减小,微阵列的整体接触面积增大,总黏附力有所增大。在接触表面为绝对平面时,刚毛长度对法向黏附力没有影响。

影响切向黏附力的主要因素为接触面积、间距和长度,且切向黏附力随着接触面积的增大而增大,随着刚毛长度和阵列间距的增大而减小;次要因素是刚毛直径,且切向黏附力随着直径的增大而缓慢增大。

根据以上仿真结果,可以得出以下结论。

(1)为获得刚毛微阵列黏附力,应在保证不发生黏结的情况下减小间距、增大阵列密度。

(2)为获得较大切向黏附力,应尽量增大刚毛直径,减小刚毛长度,即减小长径比。

(3)过小的长径比容易滑移脱附失效,减小切向黏附力,不利于足端对接触表面的适应性,因此实际环境中应适当增大长径比。

上述因素对黏附力的影响规律可用于机器人黏附足微阵列结构的优化设计中。

4.5　冲击条件下的黏附特性

脚掌的运动速度是影响爬行机器人运动稳定性的一个重要因素,在速度较小、运动缓慢时,机体可以有更多时间调整姿态,由于惯性带来的冲击也会较小。其中脚掌结构的前进速度一般按照执行任务的需求进行调节,而黏附和脱附时的抬压速度不会对机体的前进速度产生太大影响,但会在较大程度上影响与接触面之间的碰撞,从而影响黏附状态的稳定性。因此,在离散元软件 EDEM 中,以直径为 8 μm、长度为 24 μm、间距为 20 μm 的微阵列为研究对象,保持其他变量不变,通过改变黏附足微阵列的垂直黏附速度,研究黏附速度对接触面的冲击影响。

设置冲击黏附速度分别为 0.01 cm/s、0.02 cm/s、0.05 cm/s 和 0.1 cm/s,进行黏附行为仿真,以接触表面为研究对象进行受力分析。在 EDEM 后处理模块中将仿真数据以.csv 格式导出,进而根据数据作图,获得接触面法向冲击力(两物体做相对运动碰撞瞬间,迫使物体速度发生改变时产生的作用力)随时间变化的曲线,如图 4.58 所示。

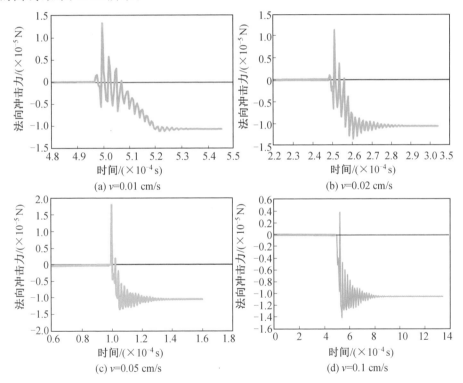

图 4.58 接触面法向冲击力随时间变化的曲线

从图 4.58 中可以看出,黏附过程中不同速度时法向冲击力的变化整体趋势一致。法向冲击力为 0 的时刻为微阵列与接触面接触之前的状态,当微阵列以固定速度碰撞到接触表面时,接触面由于突然被撞击而受到负向压力,在反作用力的作用下,微阵列的刚毛因冲击而导致的冲量使微阵列自身动量发生变化。由于动量变化较大,因此微阵列储存的弹性势能逐渐积累,在某一时刻发生瞬时反弹，此时接触的两物体出现短暂远离，由于范德瓦耳斯力的作用表现为引力，因此图中出现瞬间正值，然后很快在某一时刻，接触面所受冲击力达到最大，之后随着微阵列下压速度减慢至停止，接触面受力慢慢趋于稳定。

通过对比四组曲线可以看出，微阵列刚毛与接触面接触到法向冲击力的极值点之间的时长不同，从极值点到冲击力趋于稳定的时长也不同。可以总结出法向冲击力随时间变化的规律如下。

(1) 接触面所受冲击力的极值出现的相对时间随着黏附速度的增大而加快。这是因为当黏附速度较大时，微阵列对接触面的瞬时作用力较大，两物体之间的力传递更快。

(2) 微阵列的黏附速度越大，从法向冲击极值点到作用力趋于稳定之间的作用时间越长，说明速度越大导致的撞击越大、振动越强，因此趋于静态的时间也就越长。

工程上的应用更加关注黏附过程中微阵列刚毛与接触面之间的法向冲击力极值，因为瞬时过大的冲击力可能会导致整个机器人的失稳倾覆。根据四组黏附速度下的法向力极值进行绘图，如图 4.59 所示。

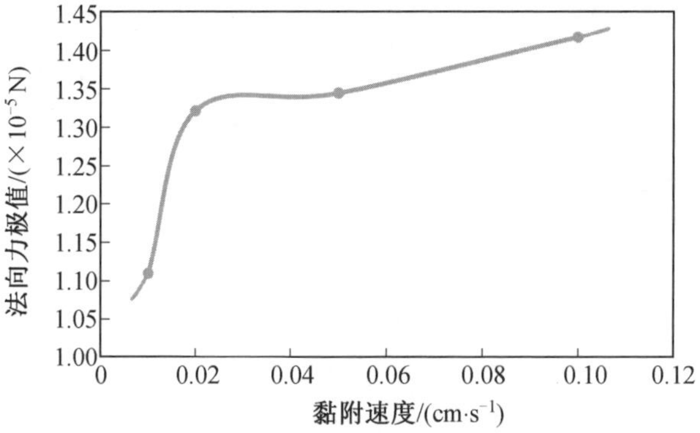

图 4.59　法向力极值随黏附速度变化图

从图 4.59 中可以看出，接触面所受法向冲击力极值随着微阵列黏附速度的增大而逐渐增大。0.01 ～ 0.02 cm/s 之间增长率最大，0.02 ～ 0.1 cm/s 之间的冲击力有缓慢增加。从能量角度对过程进行分析，黏附足微阵列的黏附速度越大，动能积累越多，动能再转化为黏附足的弹性势能，进而表现为瞬时较大冲击力，虽然其他足可以支撑机身且腿部关节存在一定的制动，但运动产生的惯性、机械震动及制动迟缓等因素都会带来一定的碰撞。因此，为了维护爬行机器人的运动稳定性，在满足步态的条件下，可以适当减小黏附足的黏附速度，从而减小冲击。

4.6　附着微结构的动态脱附特性

除黏附足微阵列的结构参数外,黏附足运动参数同样对黏附特性有重要影响。黏附足的运动参数是指机器人在空间环境行走过程中,抬足与落足的方向与速度参数,以及平动与翻转复合运动的参数。抬足过程需要在满足一定黏附力的基础上实现可靠脱附,对机器人整体稳定性及负载影响较大,因此本节针对脱附角度、脱附速度和翻转角速度进行仿真研究。

4.6.1　脱附角度对黏附特性的影响规律仿真分析

基于第 3 章结构参数对微阵列黏附特性的影响分析,刚毛的端部接触面积与刚毛长径比对黏附阵列的黏附特性具有较大影响,因此在下面的脱附角度仿真中将对三组长径比相差较大的微阵列进行脱附仿真,探究其黏附力的大小及变化规律,仿真工况见表 4.13。

表 4.13　脱附角度仿真工况表

工况编号	直径 /μm	长度 /μm	间距 /μm	长径比	接触面积 /($\times 10^{-9}$ m^2)
1	8	8	12	1	4.216 99
2	8	24	12	4	2.827 43
3	6	48	9	8	4.421 19

仿真过程采取先预压再拉伸的方式,确定某一脱附角度时的受力情况,具体过程如下。

(1) 施加竖直向下的速度,位移为足底至平面的距离。

(2) 颗粒与平面间的表面黏附功将足部黏附在平面上。

(3) 施加带有切向速度的运动,切向与法向速度的比值对应脱附角的正切值,刚毛开始被拉伸。

(4) 微阵列继续向斜上方运动,直到完成脱附。

以此得到某一脱附角度下的受力情况,确定最优的脱附角度。脱附角度仿真过程如图 4.60 所示。

将脱附角度从 0° 开始,在 0° ~ 90° 之间,每隔 10° 进行一次脱附仿真,在 EDEM 后处理模块中得到 X 轴水平方向(切向)及 Y 轴垂直方向(法向)黏附力随时间变化的关系曲线。将不同脱附角度下微阵列的黏附力取最大值进行汇总,并计算出合力,首先针对工况 1 进行仿真并将仿真结果汇总,见表 4.14。

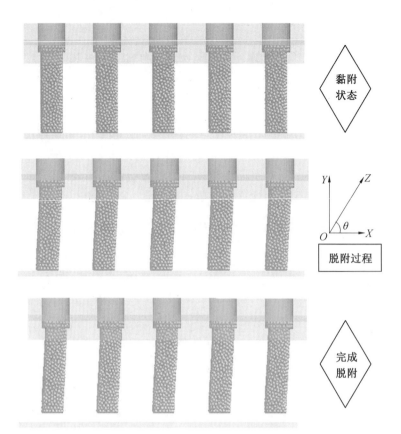

图 4.60　脱附角度仿真过程

表 4.14　不同脱附角度仿真结果汇总(工况 1)

工况	脱附角度	切向 /N	法向 /N	合力 /N
1	0°	$4.490\ 1 \times 10^{-4}$	$1.996\ 8 \times 10^{-6}$	$4.490\ 2 \times 10^{-4}$
	10°	$2.437\ 4 \times 10^{-4}$	$2.157\ 3 \times 10^{-5}$	$2.446\ 9 \times 10^{-4}$
	20°	$1.929\ 1 \times 10^{-4}$	$4.786\ 6 \times 10^{-5}$	$1.965\ 9 \times 10^{-4}$
	30°	$1.409\ 4 \times 10^{-4}$	$5.088\ 1 \times 10^{-5}$	$1.498\ 4 \times 10^{-4}$
	40°	$1.168\ 6 \times 10^{-4}$	$6.226\ 3 \times 10^{-5}$	$1.324\ 1 \times 10^{-4}$
	50°	$9.351\ 3 \times 10^{-5}$	$6.965\ 3 \times 10^{-5}$	$1.166\ 1 \times 10^{-4}$
	60°	$6.751\ 3 \times 10^{-5}$	$7.782\ 1 \times 10^{-5}$	$1.030\ 2 \times 10^{-4}$
	70°	$4.389\ 1 \times 10^{-5}$	$8.594\ 5 \times 10^{-5}$	$9.650\ 4 \times 10^{-5}$
	80°	$1.954\ 6 \times 10^{-5}$	$9.248\ 0 \times 10^{-5}$	$9.452\ 3 \times 10^{-5}$
	90°	0	$9.515\ 9 \times 10^{-5}$	$9.515\ 9 \times 10^{-5}$

从表 4.14 中可以发现,水平脱附时法向黏附力并不为零,结合脱附仿真过程分析原因是,微阵列在水平脱附时,刚毛足端被拉伸部分翘曲脱离,出现法向位移,因此产生法向黏附力。

为观察最大黏附力随脱附角度的变化趋势,将仿真数据绘制成图 4.61 所示的变化曲线。

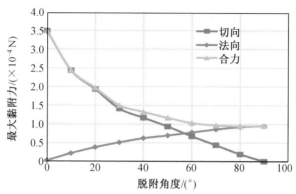

图 4.61　工况 1 的最大黏附力随脱附角度变化的曲线

从图 4.61 中可以看出,随着脱附角度的增大,微阵列的切向黏附力急剧降低,在 0°～20° 之间下降最快,在 30° 之后几乎呈线性减小;法向黏附力则随脱附角度的增大逐渐缓慢增大,合力逐渐降低至 80° 时达到最低值。可知,针对此工况,直径为 8 μm、长径比为 1 的微阵列,最佳脱附角度在 70°～90° 之间。

以同样的方式,针对工况 2 和工况 3 进行 0°～90° 之间的脱附仿真,仿真结果汇总见表 4.15。

表 4.15　不同脱附角度仿真结果汇总(工况 2 和工况 3)

脱附角度	切向 /N 工况 2	法向 /N 工况 2	合力 /N 工况 2	切向 /N 工况 3	法向 /N 工况 3	合力 /N 工况 3
0°	$4.526\ 1 \times 10^{-5}$	$1.889\ 2 \times 10^{-6}$	$4.529\ 9 \times 10^{-5}$	$5.480\ 5 \times 10^{-5}$	$2.071\ 3 \times 10^{-5}$	$5.858\ 8 \times 10^{-5}$
10°	$4.850\ 0 \times 10^{-5}$	$1.299\ 4 \times 10^{-5}$	$4.063\ 3 \times 10^{-5}$	$5.003\ 6 \times 10^{-5}$	$5.600\ 2 \times 10^{-5}$	$7.509\ 8 \times 10^{-5}$
20°	$4.201\ 0 \times 10^{-5}$	$2.058\ 7 \times 10^{-5}$	$4.805\ 8 \times 10^{-5}$	$4.645\ 2 \times 10^{-5}$	$7.289\ 6 \times 10^{-5}$	$8.643\ 8 \times 10^{-5}$
30°	$2.556\ 6 \times 10^{-5}$	$2.520\ 4 \times 10^{-5}$	$4.590\ 0 \times 10^{-5}$	$4.530\ 9 \times 10^{-5}$	$8.463\ 7 \times 10^{-5}$	$9.170\ 6 \times 10^{-5}$
40°	$2.082\ 7 \times 10^{-5}$	$2.947\ 3 \times 10^{-5}$	$4.609\ 0 \times 10^{-5}$	$4.422\ 7 \times 10^{-5}$	$8.780\ 7 \times 10^{-5}$	$9.424\ 1 \times 10^{-5}$
50°	$1.661\ 9 \times 10^{-5}$	$4.234\ 0 \times 10^{-5}$	$4.636\ 1 \times 10^{-5}$	$2.272\ 5 \times 10^{-5}$	$9.253\ 5 \times 10^{-5}$	$9.528\ 4 \times 10^{-5}$
60°	$1.221\ 4 \times 10^{-5}$	$4.469\ 0 \times 10^{-5}$	$4.677\ 8 \times 10^{-5}$	$1.384\ 6 \times 10^{-5}$	$9.498\ 7 \times 10^{-5}$	$9.599\ 0 \times 10^{-5}$
70°	$8.953\ 5 \times 10^{-6}$	$4.641\ 8 \times 10^{-5}$	$4.750\ 2 \times 10^{-5}$	$1.077\ 5 \times 10^{-5}$	$9.558\ 5 \times 10^{-5}$	$9.618\ 6 \times 10^{-5}$
80°	$5.588\ 8 \times 10^{-6}$	$4.742\ 2 \times 10^{-5}$	$4.783\ 7 \times 10^{-5}$	$6.493\ 6 \times 10^{-6}$	$9.681\ 6 \times 10^{-5}$	$9.703\ 3 \times 10^{-5}$
90°	0	$4.842\ 5 \times 10^{-5}$	$4.842\ 5 \times 10^{-5}$	0	$9.690\ 4 \times 10^{-5}$	$9.690\ 4 \times 10^{-5}$

同样对数据结果进行绘图,可以分别得到工况 2 和工况 3 的最大黏附力随脱附角度变化的曲线,如图 4.62 所示。

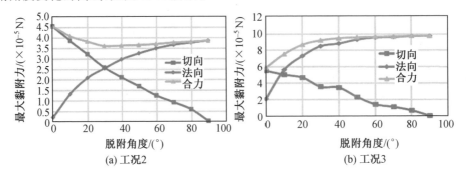

图 4.62　工况 2 和工况 3 的最大黏附力随脱附角度变化的曲线

由图 4.62 可知,两组阵列的法向黏附力和切向黏附力的整体变化趋势与工况 1 一致,但这两组工况中切向黏附力的增大趋势不同于工况 1,是随着脱附角度的增大几乎呈线性减小的趋势。对于合力,工况 2 的黏附力先逐渐减小,在 30° 附近达到最低,然后逐渐升高;工况 3 的总黏附力随着脱附角度的增大而增大,增长率越来越小,在 90° 达到最大。比较三组工况 1、2、3,其最佳脱附角度分别为 80°、30°、0°。可以发现,随着长径比的增大,微阵列的最佳脱附角度逐渐减小。

总结三组工况黏附力随脱附角度的变化情况,有如下规律和结论。

(1) 切向黏附力随着脱附角度的增大而减小,且在趋近于 90° 的范围内呈线性减小的趋势。

(2) 法向黏附力随着脱附角度的增大而增大,且变化率随着脱附角度的增加而逐渐降低,趋于水平。

(3) 长径比过小的微阵列脱附角度较大,接近于法向脱附;长径比较小的微阵列在与平面夹角较小的范围内具有最佳的脱附角度;长径比较大的微阵列水平脱附时受力最小,不存在最佳脱附角。

微阵列脱附角度对黏附力的影响规律可为机械人足的步态规划提供理论依据。

4.6.2　脱附速度对黏附特性的影响规律仿真分析

黏附足的脱附过程是机器人整体行进动作的重要组成部分,能实现快速脱附也是研究者一直追求的理想目标,但高速脱附过程容易引起机器人机身运动失稳,同时也会改变黏附足的脱附力,本小节将通过仿真研究抬腿速度对脱附力的影响规律。

　　针对直径为 8 μm、长度为 24 μm、间距为 20 μm 的微阵列,在上述最佳脱附角度为 30° 的基础上,进行脱附速度的离散元仿真。 通过改变速度参数为 0.01 cm/s、0.02 cm/s、0.05 cm/s、0.1 cm/s、0.2 cm/s 和 0.25 cm/s,得到不同脱附速度下最大黏附力数值,见表 4.16。

表 4.16　不同脱附速度下最大黏附力数值

脱附速度 /(cm · s⁻¹)	切向 /N	法向 /N	合力 /N
0.01	$2.588\ 2 \times 10^{-5}$	$2.570\ 5 \times 10^{-5}$	$4.647\ 7 \times 10^{-5}$
0.02	$2.526\ 7 \times 10^{-5}$	$2.580\ 3 \times 10^{-5}$	$4.611\ 4 \times 10^{-5}$
0.05	$2.806\ 6 \times 10^{-5}$	$2.520\ 4 \times 10^{-5}$	$4.772\ 2 \times 10^{-5}$
0.10	$4.080\ 0 \times 10^{-5}$	$2.466\ 9 \times 10^{-5}$	$4.946\ 2 \times 10^{-5}$
0.20	$4.887\ 4 \times 10^{-5}$	$2.408\ 2 \times 10^{-5}$	$4.572\ 9 \times 10^{-5}$
0.25	$4.819\ 7 \times 10^{-5}$	$2.467\ 9 \times 10^{-5}$	$5.414\ 8 \times 10^{-5}$

　　根据仿真数据作图,可以得到不同脱附速度下,微阵列在与水平面夹角 30° 方向完成脱附时所需的最大黏附力,如图 4.63 所示。

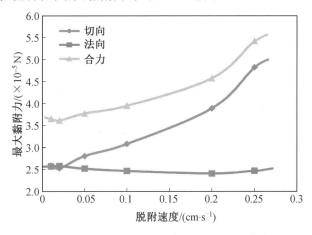

图 4.63　最大黏附力随脱附速度变化的曲线

　　从图 4.63 中可以看出,随着脱附速度的增大,微阵列的法向黏附分力几乎不受影响,切向黏附力受影响较大,且在速度较低时,增长率较低,黏附力变化较小,在 0.02 ~ 0.2 cm/s 之间,合力几乎呈线性增加,当脱附速度较大时,微阵列实现黏附所需的黏附力迅速增大。因此,在机器人脚掌脱附时,为减小脱附时所需的黏附力,应将黏附速度控制在较小的范围内。

4.6.3　翻转角速度对黏附特性的影响规律仿真分析

研究发现,壁虎脚掌脱附时凭借脚掌的柔性卷曲实现轻松脱附,因此希望借鉴壁虎的脱附形式,研究黏附足微阵列通过翻转方式脱附对黏附特性的影响。在 EDEM 中针对直径为 $8~\mu m$、长度为 $24~\mu m$、间距为 $20~\mu m$ 的微阵列,通过改变角速度的大小、角速度旋转轴的位置等参数,进行交叉工况仿真分析,预期得到角速度大小和施加轴心位置对脱附行为的影响规律。

物体的角速度包括角速度的大小、旋转方向及旋转轴三项因素。角速度加载点如图 4.64 所示,图中给出了本节研究的若干旋转轴方向及位置样本点,脱附角速度的仿真研究将基于此展开分析。

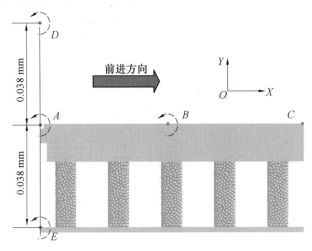

图 4.64　角速度加载点

图 4.64 中 X 方向为前进方向,箭头的方向代表角速度的转动方向,A、B、C、D、E 为本节中将用于仿真研究的角速度转轴中心。

(1)角速度大小的影响规律。

在只加载角速度的情况下,由于会对接触面产生下压力,B 点和 C 点无法施加。因此,在微阵列实现稳定黏附后,固定在 A 处逆时针方向施加四组不同的角速度,线性移动速度设为 0。

首先设置角速度为 $100(°)/s$ 进行翻转脱附仿真,观察仿真过程中微阵列刚毛的形态变化,以便结合数据进行分析。脱附完成后的微阵列形态,即翻转脱附状态图,如图 4.65 所示。

仿真完成后,在后处理模块中分别得到脱附过程中微阵列产生的水平方向的切向黏附力和垂直方向的法向黏附力随时间变化的数据点,导出数据进行图

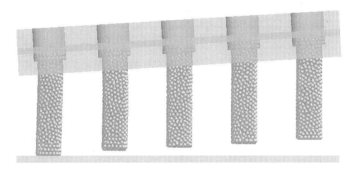

图 4.65　翻转脱附状态图

像处理可以得到图 4.66 所示的最大黏附力变化曲线。

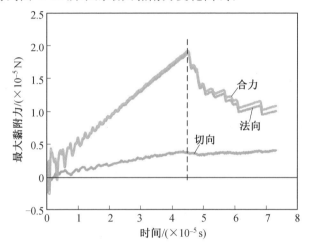

图 4.66　脱附过程中最大黏附力变化曲线

从图 4.66 中可以看出,随着脱附过程的进行,微阵列刚毛开始向上翻转,法向黏附力逐渐增大,直到阵列的最右端刚毛瞬间出现脱附,法向黏附力瞬间减小,之后随着更多刚毛的脱附而逐渐减小;观察水平分力可以发现,切向黏附力一直处于较小值,结合仿真过程分析原因,微阵列绕 A 点旋转时,线速度与水平方向夹角从 0° 逐渐增大直到脱附,在整个过程中角度范围很小,线速度在法向的分速度一直处于较大值,使得阵列的受力主要为法向黏附力,因此黏附力的合力变化趋势与法向黏附力一致,大小也相差较小。

将不同角速度下发生脱附时获得的最大黏附力进行汇总,并将水平和垂直方向的分力合成为总黏附力,得到不同脱附角速度下最大黏附力数值见表 4.17。

表 4.17　不同脱附角速度下最大黏附力数值

脱附角速度 /[(°)·s⁻¹]	切向 /N	法向 /N	合力 /N
100	$4.764\ 7 \times 10^{-6}$	$1.883\ 6 \times 10^{-5}$	$1.920\ 8 \times 10^{-5}$
1 000	$5.115\ 3 \times 10^{-6}$	$1.964\ 9 \times 10^{-5}$	$2.030\ 4 \times 10^{-5}$
3 000	$-1.422\ 1 \times 10^{-6}$	$2.245\ 3 \times 10^{-5}$	$2.249\ 8 \times 10^{-5}$
5 000	$-4.962\ 1 \times 10^{-7}$	$2.296\ 5 \times 10^{-5}$	$2.296\ 9 \times 10^{-5}$

根据表中数据绘图,可以得到在 A 点加载不同角速度对最大黏附力的影响规律曲线,如图 4.67 所示。

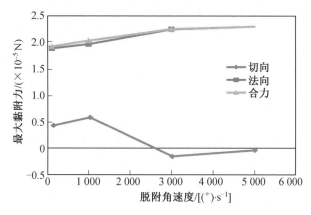

图 4.67　最大黏附力随脱附角速度变化的曲线

从图 4.67 中可以看出,切向黏附力随着脱附角速度的变化而小范围波动,阵列的最大黏附力与法向黏附力一致,均随着脱附角速度的增大而小幅度增大。分析法向黏附力增大的原因主要是角速度越大,单位时间内发生拉伸变形的刚毛数量越多,由于脱附过程中角速度转过的角度极小,因此变化较小。由此得出结论,在纯翻转脱附的情况下,角速度大小对黏附力的影响较小。

(2)角速度轴线的影响规律。

机器人脚掌通过翻转实现脱附时,转轴的位置会根据结构的设计而不同。令 A 点为坐标零点,将仿真中的旋转中心由 A 点移至 D 点和 E 点进行脱附过程的仿真,可得到角速度均为 1 000 (°)/s 的情况下,不同加载位置对最大黏附力的影响。将仿真结果汇总,得到不同转轴位置下最大黏附力数值见表 4.18。

表 4.18　　不同转轴位置下最大黏附力数值

旋转中心	坐标位置/mm	脱附角速度/[(°)·s⁻¹]	切向/N	法向/N	合力/N
E	−0.038	1 000	−4.338 3×10⁻⁶	1.965 7×10⁻⁵	1.953 5×10⁻⁵
A	0	1 000	5.115 3×10⁻⁶	1.964 9×10⁻⁵	2.030 4×10⁻⁵
D	0.038	1 000	1.394 1×10⁻⁵	1.781 4×10⁻⁵	2.262 1×10⁻⁵

　　此外,当转轴无穷远时,微阵列相当于垂直脱附,由前述可知,当该组微阵列法向脱附时,最大黏附力为 $2.8×10^{-5}$ N。因此结合表中的数据分析可知,当旋转轴距离刚毛端部较近时,脱附力较小,更易实现脱附。这是因为越接近足端,刚毛脱附越趋近于从刚毛与接触面之间剥离开。

第 5 章

仿生黏附阵列结构制备与黏附性能实验研究

本章介绍制备仿生黏附阵列结构并进行黏附性能实验研究,包括黏附阵列(柱状纤维阵列和楔形柔性阵列)材料的制备、二维力测试平台的搭建以及微结构(柱状、楔形和碳纳米管)阵列黏附力实验研究。

5.1　黏附阵列材料的制备

本章在对不同尺寸参数、不同结构参数以及不同材料刚度的微黏附阵列黏附机理研究和仿真分析的基础上，为了进一步研究结构参数对微阵列黏附特性的影响并验证仿真模型的正确性，结合实际环境展开黏附特性实验显得尤为必要。考虑宏观和微观尺度效应，针对黏附阵列的尺寸参数、结构参数和材料属性参数选择相应的制备方法，加工制备可用于机器人在空间环境黏附爬行的干黏附阵列结构。

5.1.1　柱状纤维阵列结构的制备

图 5.1 所示为在硅片上加工的 6 组不同尺寸参数的柱状纤维黏附结构。

图 5.1　在硅片上加工的 6 组不同尺寸参数的柱状纤维黏附结构

目前制备干黏附阵列结构的材料主要是聚二甲基硅氧烷（PDMS）等高聚合物和碳纳米管结构，由于柱状纤维阵列结构主要是靠端部与表面接触，不需要很大的形变量，同时聚合物材料制备的高长宽比的柱状纤维结构容易发生塌陷，基于此，采用硅作为柱状纤维阵列的材料。利用感应耦合等离子体（Inductively Coupled Plasma，ICP）刻蚀技术对设定的微黏附结构刚毛结构进行刻蚀。具体的加工工艺步骤分为两步：第一步，利用真空蒸镀的铝作为掩膜，将确定间距的模板图形利用光刻技术进行造模,然后湿法腐蚀铝;第二步,利用 ICP Bosch 深刻蚀技术刻蚀出不同长径比的柱阵列,用八氟环丁烷(C_4F_8)气体进行钝化,用六氟化硫(SF6)气体各向同性进行刻蚀,经过钝化和刻蚀的交替进行,最终形成硅刚毛阵列。

将微黏附结构实验件放置于光学显微镜下观察,通过 Confocal 三维扫描得到 6 组阵列的微观样貌,如图 5.2 所示。

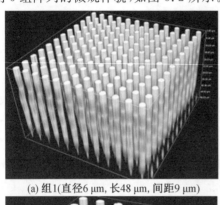

(a) 组1(直径6 μm, 长48 μm, 间距9 μm)

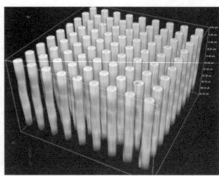

(b) 组2(直径8 μm, 长48 μm, 间距12 μm)

(c) 组3(直径8 μm, 长48 μm, 间距16 μm)

(d) 组4(直径8 μm, 长48 μm, 间距20 μm)

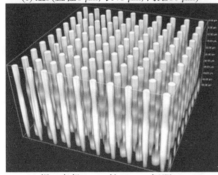

(e) 组5(直径6 μm, 长48 μm, 间距12 μm)

(f) 组6(直径12 μm, 长48 μm, 间距18 μm)

图 5.2　微黏附结构在光学显微镜下的微观样貌

5.1.2　柔性楔形阵列结构的制备

对侧面接触的楔形结构黏附阵列进行加工,楔形结构需要通过预压形变侧面接触产生黏附力,需要其具有较小的弹性模量,所以采用 PDMS 作为制备楔形阵列结构的材料。图 5.3 所示为模板法加工柔性楔形阵列结构示意图。模板法的加工方法主要分为三步,分别是刻蚀楔形槽阵列结构、PDMS 及脱模 PDMS。

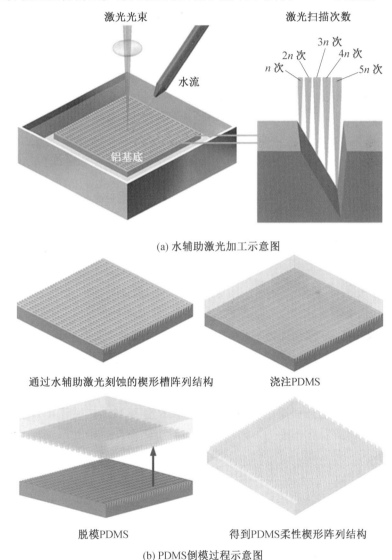

(a) 水辅助激光加工示意图

通过水辅助激光刻蚀的楔形槽阵列结构　　　浇注PDMS

脱模PDMS　　　得到PDMS柔性楔形阵列结构

(b) PDMS倒模过程示意图

图 5.3　模板法加工柔性楔形阵列结构示意图

楔形槽采用激光刻蚀法实现。激光刻蚀法是通过飞秒、纳秒、皮秒激光对表面进行构型,其可以在不同的表面上创造各种尺寸和形状的微观结构。这种成熟的技术无须无尘环境或高度真空环境,并且过程简单。尽管飞秒激光由于热效应低而成为一种潜在的制造方法,但经济性差和效率低阻碍了其应用范围;而纳秒激光以高稳定性、高能量等优点在微细加工领域得到了广泛应用。然而,纳秒激光划片和划片之间的热量积累会对基板造成严重的热损伤。为了解决这个问题,人们开发了水中激光刻蚀作为克服激光造成热损伤的替代方法。通过使用这种技术,工件在刻蚀过程中被一层水淹没或覆盖。由于刻蚀过程是在水中进行的,多余的热量和切割碎片可以通过切割区域周围的水循环带走,这可以减少热影响区并减少沉积在工件表面上的切割碎屑。此外,当样品在有限体积的水中刻蚀时,冲击波和空化气泡的形成同样具有重要意义。冲击波的存在和空化气泡的破裂可以引起比环境空气高十倍的高冲击压力,有助于提高刻蚀率。图 5.4 所示为水辅助激光加工楔形槽结构的示意图,通过控制每次的扫描速度和扫描次数实现不同角度楔形槽的加工。然后对激光刻蚀完的楔形槽模板进行浇注和脱模,最终实现柔性楔形结构黏附阵列的加工。

图 5.4　水辅助激光加工楔形槽结构的示意图

铝板因性能优异,如耐化学性、热稳定性、低密度和高机械强度,被用来制造楔形槽的基底,实验在厚度为 2 mm 的铝基板上进行。在激光刻蚀前后,铝基板用乙醇和去离子水超声清洗。如图 5.4 所示,应用纳秒脉冲激光(波长为 1 064 nm、重复频率为 30 kHz、输出功率为 7 W、扫描速度为 5 mm/s、水层厚度为 1 mm)对水中的铝板进行刻蚀。

通过水中的纳秒激光刻蚀在铝板上可制造倾斜楔形结构。通过逐渐增加激光束的扫描路径,控制扫描速度和光束间距,可以加工出倾斜角不对称的楔形槽结构。通过激光加工的第二步,在楔形结构的每个单元上刻蚀微尺度锥形结构,以实现超疏水性并促进各向异性,实现仿生柔性倾斜楔形槽结构表面。图 5.5(a) 所示为通过激光刻蚀在水中制备的楔形槽阵列,楔形结构单元斜面的尺寸为 500 μm。图 5.5(b) 所示为激光加工的楔形槽的 Confocal 图像。

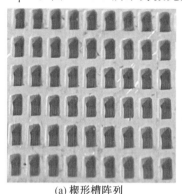
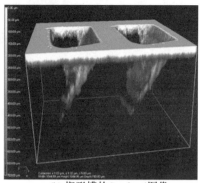

(a) 楔形槽阵列　　　　　　　　　　(b) 楔形槽的Confocal图像

图 5.5　激光加工的楔形槽阵列结构

选择柔性黏附楔形结构的材料时,根据其性能要求,需要这种材料具有一定的黏度和高弹性,因为这种结构是通过浇注加工的,所以需要这种材料具有易浇注、易固化和易剥离的特性。由于空间环境是超低温及高真空环境,针对这些恶劣环境,需要柔性黏附结构在超低温环境下和高真空环境下也可以正常工作,不影响材料本身的性能。基于这些需求,选用 PDMS 作为柔性楔形黏附结构的材料,固化后的 PDMS 在 $-55 \sim 200$ ℃ 的温度范围内都能保持良好的弹性和柔韧性,具有一定的温度稳定性,可以适应在空间环境下工作。

浇注和脱模过程中存在两个主要问题:第一,浇注过程需要让液态的 PDMS 完全流进楔形槽中,浇注过程中会出现液封面,导致楔形槽内的气体无法排除,所以需要在真空环境下进行;第二,在脱模过程中固化后的 PDMS 与楔形槽表面的黏附力非常大,容易造成固化后的 PDMS 在脱模过程中发生断裂导致脱模失败。为了实现 PDMS 的浇注和脱模,在浇注 PDMS 之前先将激光加工完的楔形槽结构表面涂一层光刻胶并通过离心机甩胶再加热固化,让楔形槽表面形成一层 1 μm 左右的光刻胶。之后如图 5.6 所示,将 PDMS 和凝固剂按照 10：1 的比例混合浇注到激光加工的楔形槽阵列,放在真空罐中静置 1 h。等到楔形槽中的气体排出去之后,再将浇注了 PDMS 的楔形槽阵列放置在大气环境下,通过大气压将 PDMS 压入楔形槽中,在加热台上以 60 ℃ 加热 PDMS 1 h 加速完成 PDMS 的固化。

当 PDMS 完全固化后需要对其进行脱模,将带有 PDMS 的楔形槽铝片放置在丙酮溶液中,通过 30 min 的超声清洗,可以将 PDMS 和楔形槽之间的光刻胶薄膜溶解到丙酮溶液中,在不需要外拉力的作用下实现 PDMS 楔形阵列与楔形槽阵列脱离,防止柔性楔形结构在脱模过程中发生断裂和破坏。扫描电子显微镜下的柔性楔形结构阵列如图 5.7 所示。

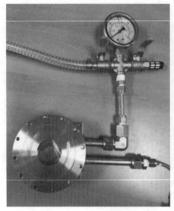

图 5.6   浇注到楔形槽中的 PDMS 在真空罐中的静置过程

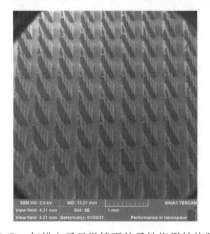

图 5.7   扫描电子显微镜下的柔性楔形结构阵列

5.2   二维力测试平台的搭建

在上述基础上对 6 组微黏附结构在微操作平台上进行黏附力的测试实验。黏附力测试系统的机构设计是个非常重要的问题,机构设计的优劣将直接影响到能否实现预定目标。具体要求包括以下三点。

① 根据工作空间的要求选择必需的自由度数,并对其进行合理配置。

② 机构形式要合理,这涉及运动副形式的合理选择和配置,电机驱动的最佳传递方式和路线,驱动装置的最佳速比和空间配置等,如果机构设计不合理,可能会出现运动干涉或驱动装置无法设置,机构不能运动等问题。

③ 机构具有尽量小的体积和质量。

考虑以上要求的黏附力测试系统由二维运动系统和多维力测试系统组成。其中二维运动系统由两个具有主动自由度的线性模组和柔性连接的末端黏附机构组成。通过控制器和直流电源控制电机驱动器，实现二维运动平台在竖直方向和水平方向的运动。通过机构运动产生预压力使微修饰结构与测试界面完全接触，随后通过法向移动和切向滑动摩擦至脱附，力传感器获得法向和切向黏附力。通过数据采集卡将信号采集并存储。黏附力测试系统流程图如图 5.8 所示。

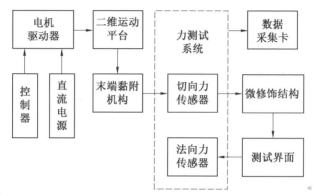

图 5.8   黏附力测试系统流程图

黏附力测试平台三维模型如图 5.9 所示。

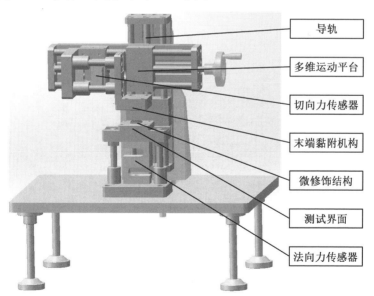

图 5.9   黏附力测试平台三维模型

多维运动平台由两个直线滑台组成,其末端连接末端黏附机构,由运动系统末端结构、切向力传感器、导轨、连接支撑件和测试界面组成。末端黏附机构的运动方式分为三步,先接触,然后预压,最后切向脱附,如图 5.10 所示。

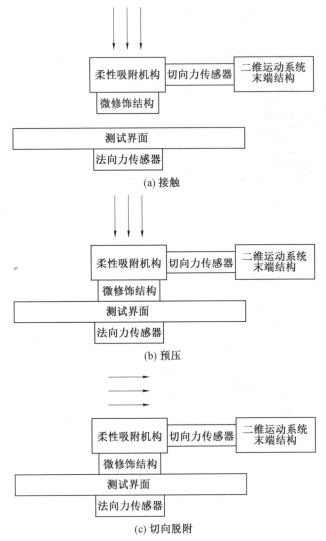

(a) 接触

(b) 预压

(c) 切向脱附

图 5.10　末端黏附机构的运动方式示意图

将本实验中加工研制的多维力测试平台连接变送器、数据采集卡和计算机,通过 LabVIEW 对信号进行数据处理。搭建后的多维力测试系统如图 5.11 所示。

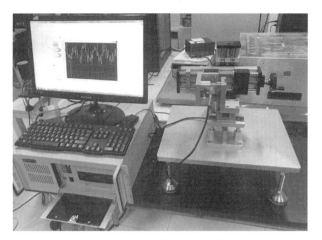

图 5.11　多维力测试系统

5.3　微结构阵列黏附力实验研究

5.3.1　柱状纤维结构阵列黏附力实验

在对柱状纤维结构阵列的黏附特性测试研究中,由于接触材料与微黏附结构之间接触形态的不同以及其他偶然误差,因此针对每组阵列不同位置进行三次测量。通过测量发现单晶硅基底的柱状纤维阵列结构由于形变量过小,对接触表面的适应性较弱,因此法向黏附力较弱。通过实验测试得到相应的切向黏附力后,经过数据处理,可得到脱附时的最大切向黏附力,具体测试结果见表 5.1。

表 5.1　最大切向黏附力测试结果

工况编号	直径 /μm	长度 /μm	间距 /μm	长径比	最大切向黏附力 /N	最大切向黏附力平均值 /N
1	6	48	9	8	0.249 9 0.251 8 0.255 8	0.252 5
2	8	48	12	6	0.256 8 0.259 7 0.255 8	0.257 4
3	8	48	16	6	0.250 9 0.247 9 0.250 9	0.249 9

续表5.1

工况编号	直径 /μm	长度 /μm	间距 /μm	长径比	最大切向黏附力 /N	最大切向黏附力平均值 /N
4	8	48	20	6	0.229 3 0.221 5 0.219 5	0.223 4
5	6	48	12	8	0.265 6 0.262 6 0.261 7	0.263 3
6	12	48	18	4	0.284 2 0.281 3 0.280 3	0.281 9

对实验数据进行处理,分析间距和长径比对最大切向黏附力大小的影响。通过对比工况2、3、4三组微黏附结构的实验数据,估算在接触面内刚毛的理想接触根数,继而得到平均单根刚毛的切向黏附力,具体测试结果见表5.2。

表5.2 间距－最大切向黏附力测试结果

工况编号	直径 /μm	长度 /μm	间距 /μm	最大切向力黏附 /N	刚毛接触数量	单根刚毛切向黏附力 /μN
2	8	48	12	0.257 4	50 240	5.123
3	8	48	16	0.249 9	28 260	8.843
4	8	48	20	0.223 4	19 625	11.383

根据表5.2中的数据作图,可得到最大切向黏附力随间距变化的趋势,如图5.12所示。

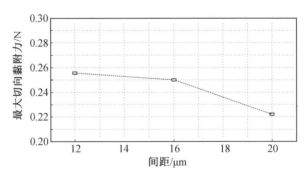

图5.12 最大切向黏附力随间距变化的趋势

从图5.12可以看出,随着阵列间距的增大,即随着密度的减小,最大切向黏附力越来越小。随着阵列间距的减小,最大切向黏附力的增长率有所降低。表

4.10中仿真工况1、2、6三组微黏附结构,具有相同的长度、直径间距比都为2∶3、具有不同的长径比,根据三组最大切向黏附力测试数据作图,可得到最大切向黏附力随直径变化的趋势,如图5.13所示。

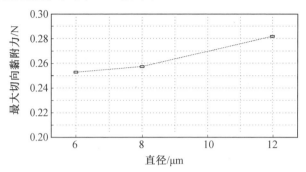

图 5.13　微黏附结构最大切向黏附力随直径变化的趋势

从图5.13可以看出,随着直径的增大和长径比的减小,微黏附结构的最大切向黏附力增大,且增长率变大。

5.3.2　楔形结构阵列黏附力测试

图 5.14 所示为楔形阵列结构黏附特性的测试过程,通过两个方向的预压再脱附,测得正反两个切向方向的黏附力。

图 5.14　楔形阵列结构黏附特性的测试过程

图 5.15 所示为扫描电子显微镜下观察到的 0° 楔形角度的 PDMS 黏附结构,测试所得到的其脱附过程中黏附力随时间变化的曲线如图 5.16 所示。

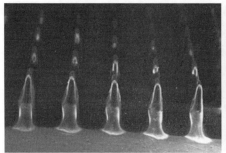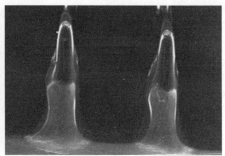

图 5.15   0° 楔形角度的 PDMS 黏附结构

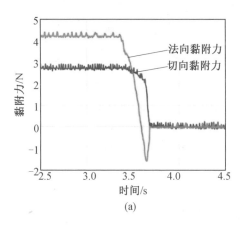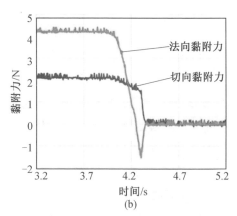

(a)   (b)

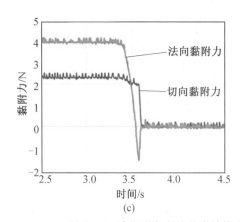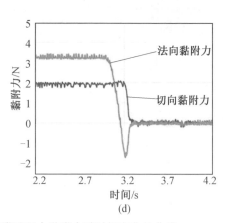

(c)   (d)

图 5.16   0° 楔形角度的黏附结构脱附过程中黏附力随时间变化的曲线

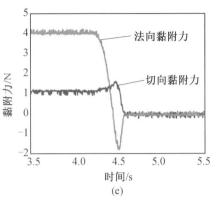 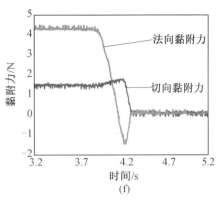

续图 5.16

图 5.17 所示为扫描电子显微镜下观察的 7.5°楔形角度的 PDMS 黏附结构，测试所得到的其脱附过程中黏附力随时间变化的曲线如图 5.18 所示。

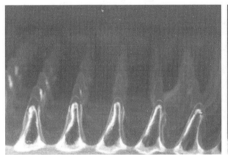 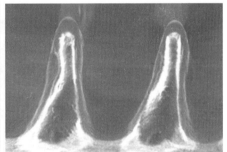

图 5.17　7.5°楔形角度的 PDMS 黏附结构

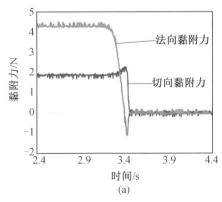 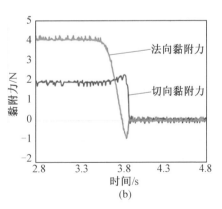

图 5.18　7.5°楔形角度的黏附结构脱附过程中黏附力随时间变化的曲线

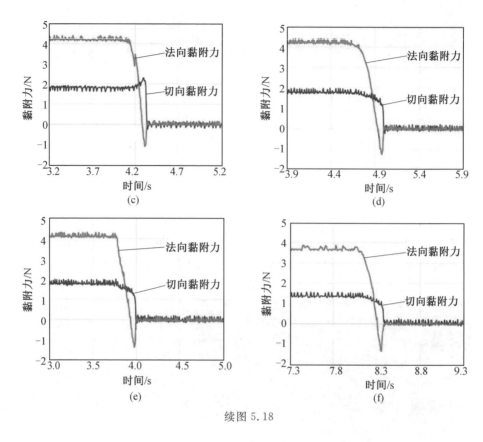

续图 5.18

　　图 5.19 所示为扫描电子显微镜下观察的 15° 楔形角度的 PDMS 黏附结构，测试所得到的其脱附过程中黏附力随时间变化的曲线如图 5.20 所示。

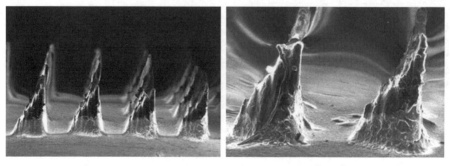

图 5.19　15° 楔形角度的 PDMS 黏附结构

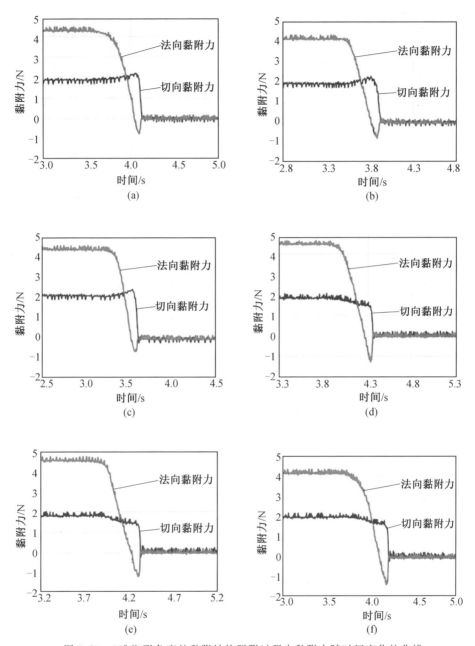

图 5.20　15° 楔形角度的黏附结构脱附过程中黏附力随时间变化的曲线

　　图 5.21 所示为扫描电子显微镜下观察的 22.5° 楔形角度的 PDMS 黏附结构,测试所得到的其脱附过程中黏附力随时间变化的曲线如图 5.22 所示。

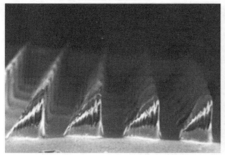

图 5.21　22.5° 楔形角度的 PDMS 黏附结构

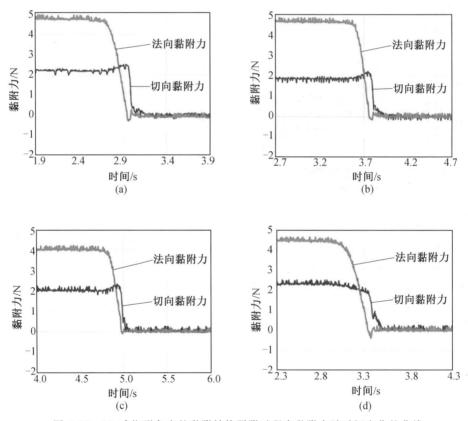

图 5.22　22.5° 楔形角度的黏附结构脱附过程中黏附力随时间变化的曲线

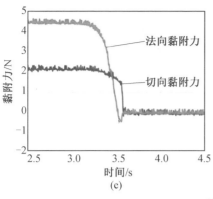
(e)

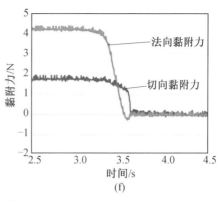
(f)

续图 5.22

实验测得楔形结构阵列黏附力的结果见表 5.3,可以看出,当楔形结构没有倾斜角度时,沿水平正反两个方向预压黏附得到的最大法向黏附力可以达到 1.629 N,同时正反两个方向上的黏附力差值最小仅为 0.067 N。当楔形结构倾斜角度为 7.5° 时,沿水平正向预压黏附得到的最大法向黏附力为 1.311 N,沿水平反向预压黏附得到的最大法向黏附力为 1.034 N,差值为 0.277 N,说明方向异性会随着倾斜角度的增加而增大。当楔形结构倾斜角度为 15° 时,沿水平正方向预压黏附得到的最大法向黏附力为 1.206 N,沿水平反向预压黏附得到的最大法向黏附力为 0.672 N,差值为 0.534 N。当楔形结构倾斜角度为 22.5° 时,沿水平正向预压黏附得到的最大法向黏附力为 0.271 N,沿水平反向预压黏附得到的最大法向黏附力为 0.149 N,虽然正向黏附力是反向黏附力的 2 倍,但是由于有效黏附力太小,其最大法向黏附力的差值仅为 0.122 N。通过图 5.23 可以直观地看出楔形结构倾斜角度对黏附特性和方向异性的影响。

表 5.3　　实验测得楔形结构阵列黏附力的结果

楔形结构 倾斜角度	黏附方向	最大法向 黏附力 /N	最大切向 黏附力 /N	最大法向 黏附力平均值 /N
0°	反向	1.596 1.547 1.454	1.770 1.592 1.698	1.562
0°	正向	1.713 1.734 1.531	1.812 1.601 1.503	1.629
7.5°	反向	1.126 0.892 1.085	1.954 1.817 2.143	1.034

续表5.3

楔形结构倾斜角度	黏附方向	最大法向黏附力/N	最大切向黏附力/N	最大法向黏附力平均值/N
7.5°	正向	1.252 1.337 1.345	1.163 1.189 1.237	1.311
15°	反向	0.720 0.691 0.605	1.751 1.854 1.818	0.672
15°	正向	1.168 1.129 1.321	1.472 1.463 1.495	1.206
22.5°	反向	0.216 0.126 0.105	2.143 1.088 1.886	0.149
22.5°	正向	0.250 0.313 0.249	1.657 1.561 1.309	0.271

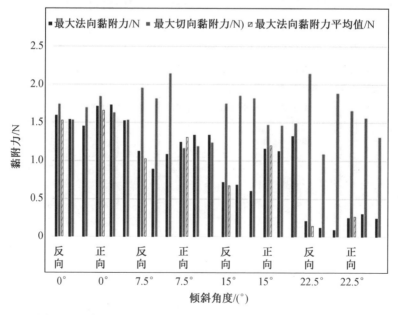

图 5.23　实验测得不同倾斜角度楔形结构阵列黏附力的条形图

5.3.3　碳纳米管阵列黏附力实验研究

采用在多自由度纳米操作机械手搭建的力测试系统中对碳纳米管阵列的黏附特性进行实验测试。图 5.24 所示为扫描电子显微镜下的碳纳米管微观结构。

图 5.24　扫描电子显微镜下的碳纳米管微观结构

通过光刻蚀及模板法制备不同尺寸参数、不同结构参数和不同材料弹性模量的微黏附结构阵列，并搭建力测试系统，将微黏附结构固定在运动系统末端机构上，通过机构运动产生预压力使微黏附结构与测试界面完全接触，随后切向滑动摩擦至脱附，获得法向和切向黏附力。对微黏附结构的黏附特性进行对比评估分析，碳纳米管在微观尺度下具有较强的黏附力，但是其黏附特性无法随着阵列面积的增加而变大，分析其原因可能是碳纳米管本身过高的长宽比导致无法规则地与表面接触，同时，碳纳米管本身的弹性模量非常高，为了增大有效黏附面积需要过高的预压力，而预压力会破坏碳纳米管的阵列结构排布导致黏附特性失效。而对于柱状微阵列结构，通过实验测试了长径比以及间距对黏附特性的影响规律，但柱状结构对接触表面的适应性较低，粗糙表面会大大减弱法向黏附特性。对柔性楔形结构黏附特性进行实验测试，可以得到楔形角度对黏附特性和方向异性的影响规律。当倾斜角度为 15° 时，可以在每平方厘米的面积上实现 1.206 N 的最大法向黏附力，同时具有黏附力差值为 0.534 N 的方向异性。此项研究可以为爬行机器人的结构设计提供一定的参考依据。

第6章

巡游机器人系统动力学研究

本 章介绍巡游机器人系统动力学，包括附着微结构离散元仿真建模、巡游机器人多体动力学仿真建模、SMA 丝驱动控制的 MATLAB 仿真建模以及机器人巡游过程的动力学特性仿真分析。

6.1　附着微结构离散元仿真建模

6.1.1　离散元的基本理论

离散元于 1971 年首次被提出,随后得到快速发展,特别是有了计算机的辅助后,其应用领域得到了进一步扩展。EDEM 作为第一个基于离散元的多用途软件,被广泛应用于岩土力学、航天、制药、冶金、能源、工程机械、土木等领域。在实际工程问题中,有限元法主要用于解决刚性小变形问题,但是遇到柔性大变形,以及多个独立单元问题时,则使用离散元才能更有效地模拟仿真模型的力学特性。

1. 离散元的基本原理

离散元的基本原理是指把研究对象视为若干独立单元的结合体,根据牛顿定律以及力和位移的关系,在每个提前设定好的时间步长内,计算瞬时的力、位移、速度、加速度等参数,计算过程不断循环和累积,直到最后一个时间步长为止。这其中有两个重要的关系:一是根据牛顿第二定律计算加速度,并通过积分求得速度和位移;二是根据力和位移的关系求得单元力,最后通过循环计算,求得颗粒材料最后的位移及状态。

2. 离散元的前提假设

离散元在计算时,由于宏观角度上颗粒堆成的模型是一个运动的过程,这一过程是通过步长时间的累积和更新完成的,因此对步长时间内的颗粒状态做出如下假设。

(1) 时间步长内,颗粒只接受提前设定好的接触参数的影响,其他因素不会影响颗粒状态。

(2) 时间步长内,颗粒的运动参数如位移、速度、加速度是固定值。

(3) 离散元的基本算法。

离散元的计算过程是:首先根据颗粒之间力和位移的关系,计算出力的大小;然后根据牛顿第二定律 $F = ma$,计算出颗粒的加速度;最后对加速度求积分,计算出颗粒的位移,如此不断循环,就可以得出不同颗粒在任意时刻的力、位移和位置等信息。离散元计算过程循环图如图 6.1 所示。

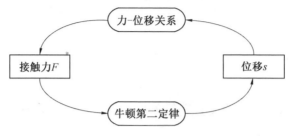

图 6.1　离散元计算过程循环图

在颗粒之间力与位移的关系中,正确计算接触刚度是十分重要的,颗粒与颗粒之间的接触刚度分为法向刚度和切向刚度。颗粒之间力与位移的关系分为两种:线性关系和非线性关系。在实际应用中,使用非线性接触计算更加稳定和符合实际,下面介绍 Hertz 接触理论非线性接触刚度公式的推导。

由 Hertz 接触理论可知,颗粒之间的作用力与位移的关系式为

$$F = \frac{4}{3} E^* (R^*)^{1/2} \delta^{3/2} \tag{6.1}$$

$$A = \left(\frac{3FR^*}{4E^*} \right)^{1/3} \tag{6.2}$$

$$F_n = \frac{2E^*}{3(1 - \nu^2)} (R^*)^{1/2} U_n^{3/2} \tag{6.3}$$

$$k_n = \frac{2E^*}{3(1 - \nu^2)} (R^*)^{1/2} \tag{6.4}$$

$$F_s = \lambda k_n U_s^{3/2} \tag{6.5}$$

$$k_s = \left(\frac{E^*}{1 + \nu} \right)^{3/2} \frac{\left[12(1 - \nu) R^* F_n \right]^{1/3}}{2 - \nu} \tag{6.6}$$

式中　　F—— 颗粒之间的作用力;

　　　　δ—— 载荷作用下的接触面积;

　　　　F_n—— 法向黏附力;

　　　　k_n、k_s—— 法向刚度和切向刚度;

　　　　E^*、R^*—— 等效弹性模量及等效接触半径;

　　　　λ—— 刚度系数折算值;

　　　　U_n、U_s—— 法向位移及切向位移;

　　　　ν—— 颗粒泊松比。

通过刚度系数和颗粒的位移,可以求得颗粒之间的接触力,再运用牛顿第二定律,可以计算出颗粒新的位移。

设在某一时刻，颗粒 i 在模型中，其运动方程为

$$\sum F = m\ddot{x}_i \quad \sum M = I_i\ddot{\theta}_i \tag{6.7}$$

对式（6.7）进行二次积分得到颗粒位移为

$$\begin{cases} (x_i)_n + 1 = (x_i)_n + (\dot{x})_n + 1/2^{\Delta t} \\ (\theta_i)_n + 1 = (\theta_i)_n + (\dot{\theta})_n + 1/2^{\Delta t} \end{cases} \tag{6.8}$$

4. 离散元的接触模型

离散元软件中颗粒之间的接触模型，可按照接触应力大小、塑性变形大小等进行分类。正确选择接触模型，对于研究对象的最后计算结果有着非常重要的意义，因为接触模型选择的适当与否，直接决定了颗粒所受到的力是否正确。EDEM 中有六种接触模型，而足部黏附特性的仿真计算中，主要用到其中的 Hertz-Mindlin with bonding 以及 Hertz-Mindlin with JKR，具体选用原则在仿真建模中进行详细叙述。

6.1.2　基于壁虎刚毛的离散理论分析

本节采用微接触理论分析刚毛黏附与脱附的详细过程。微纳米结构由于具有较大的比表面积，其表面能量不可忽视甚至会占据主导地位，这是由尺度效应带来的表面效应。JKR 接触理论即为微尺度下的经典接触理论。设两个颗粒的半径分别为 R_1 和 R_2，弹性模量分别为 E_1 和 E_2，泊松比分别为 ν_1 和 ν_2，图 6.2 所示为两个颗粒的接触示例图。

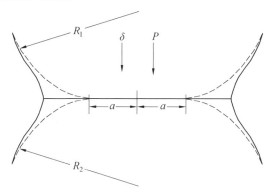

图 6.2　两个颗粒的接触示例图

在 JKR 接触理论模型下，对颗粒施加的法向外力 P 与接触半径 a 的关系式为

$$a^3 = \frac{R}{E}(P + 3W\pi + \sqrt{6\pi RWP + (3\pi WR)^2}) \tag{6.9}$$

式中　　R——等效半径；

　　　　E——等效弹性模量；

　　　　W——接触面黏附功。

颗粒的变形是因为受到施加的法向外力 P 和接触部分黏附力的作用,当没有施加的法向外力 P 时,随着拉伸载荷的增大接触半径 a 会越来越小,当 a 达到最小值时,就可得出颗粒之间的最大黏附力,此时有

$$P = -\frac{3}{2}\pi RW \tag{6.10}$$

在上述理论模型中,利用离散元仿真软件 EDEM,将理论模型融入现有的 JKR 接触模型,建立机器人足单根刚毛和航天器表面的离散元仿真模型,如图 6.3 所示。通过参数匹配确定机器人足、航天器表面的仿真参数以及两者间的相互作用特性参数。进而对巡游机器人足黏附航天器表面的过程进行离散元仿真,分析机器人足的微观结构对黏附性能的影响。

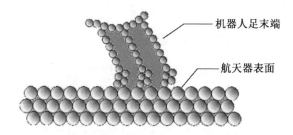

图 6.3　机器人足单根刚毛和航天器表面的离散元仿真模型

由式(6.10)可以看出,单根刚毛的黏附力 P 与刚毛的半径 R 成正比,而不是与接触面积成正比。也就是说,在保证总的接触面积不变的情况下,总黏附力会随着单个刚毛半径 R 的减小而增大。

6.1.3　基于离散元的微阵列仿真建模

为了分析巡游机器人附着结构的黏附机理,本节利用 EDEM 离散元软件分别建立垂直微阵列在不同状态下的受力模型,模拟微阵列在不同运动步态下的黏附和脱附过程,对微阵列的黏附特性进行分析,最终从理论及仿真的角度,验证空间失重环境下机器人在航天器表面黏附与爬行过程的有效性。

EDEM 的主要功能模块有前处理模块、求解模块和后处理模块三大部分,其中前处理和后处理是最重要的过程。前处理模块的主要作用是创建模型;求解模块的主要功能是计算;后处理模块的主要作用是对仿真结果进行储存、分析、处理等。EDEM 用户界面如图 6.4 所示。

壁虎在实际爬行中,通过不同的运动方式可以实现脚掌与接触面之间不同的黏附力。本研究效仿壁虎脚掌的刚毛结构,提出微米级微阵列模型,用离散元

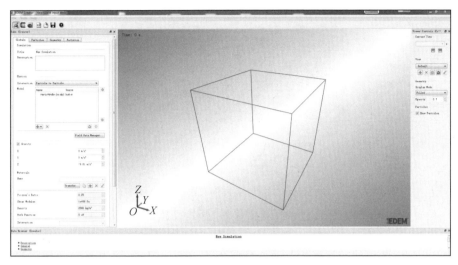

图 6.4　EDEM 用户界面

的方式对其建模。壁虎刚毛采用颗粒黏接的方式生成,但在实际的建模过程中发现,随着长径比的增大及阵列密度的增加,该方式需要的颗粒量逐渐超出软件本身的阈值(10 万颗),同时随着颗粒量的增加,颗粒间的黏接关系愈加复杂,仿真计算量大大增加,因此考虑使用远程 Bonding 的方式,对仿真模型进行简化。简化后的模型仅保留最底层颗粒,靠远程 Bonding 实现主体和刚毛颗粒的黏接,大大减少了颗粒量。

图 6.5 所示为垂直微阵列离散元模型,黏附支杆的半径为 2.5 μm,支杆间距为 15 μm,支杆长度为 16 μm。为了对足部黏附特性进行优化,后续会更改支杆间距和长度,比对仿真结果,进行最优解的选取。由于黏附力主要是微阵列黏附支杆末端与接触表面间的范德瓦耳斯力产生的,所以细化支杆端部的颗粒大小,端部颗粒的半径为 0.3 μm,微阵列基底颗粒半径的大小对仿真没有影响,为了提高运算速度,令微阵列基底的颗粒半径与黏附支杆的半径一致。微阵列基底的颗粒与端部的颗粒通过 EDEM 软件中的 Bonding 模型实现颗粒间的黏接,端部颗粒与接触表面间的黏附力是基于 JKR 接触模型建立的。

创建离散元模型分四步,分别是设置模型的参数和材料的物理属性、定义颗粒属性、导入几何模型(或者直接在 EDEM 中创建模型)和设置颗粒工厂。

1. 设置模型的参数和材料的物理属性

打开 EDEM,选择第一个菜单项 Globals,这个选项分为 Simulation、Physics 和 Materials 三大部分。第一部分是设置仿真的题目及其描述;第二部分是设置接触类型及重力方向;第三部分是设置材料参数,包括颗粒材料和模型材料属性的设置。

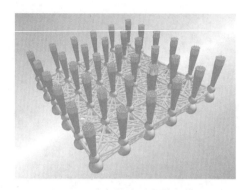

图 6.5　垂直微阵列离散元模型

设置 Simulation 中的题目及其描述后,开始设置 Physics。首先定义材料的接触模型,接触模型的选取对仿真结果的影响很大,整个模型的求解、颗粒之间的接触问题、颗粒间的接触力都与它有很大的关系,所以正确选择颗粒间接触模型对仿真研究十分重要。这里需要定义的接触模型有三类,分别是颗粒对颗粒(Particle to Particle)、颗粒对几何体(Particle to Geometry)、颗粒体力(Particle Body Force)。其中颗粒对颗粒的接触模型有八种,根据上面提到的建模思想,需要接触模型具有把若干个小颗粒黏接起来的功能,本模型中颗粒对颗粒选用黏接模型(Hertz-Mindlin with bonding),如图 6.6 所示。

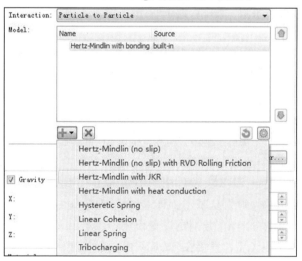

图 6.6　颗粒对颗粒的接触模型

同样进行颗粒对几何体的接触模型设置,考虑微纳米结构具有较大的比表面积,其表面能量不可忽视,甚至会占据主导地位,而 JKR 接触模型正好适用于高表面能的模型中,因此选择 JKR 接触模型来定义颗粒与几何体之间的接触模型,如图 6.7 所示。

图 6.7　颗粒与几何体之间的接触模型

　　由于该空间巡游机器人工作在太空环境,不存在重力作用,对于重力参数的设置,如图 6.8 所示。

图 6.8　重力参数的设置

　　完成对接触模型的设置后,需要对材料参数进行定义。机器人黏附足的材料为有机硅,机器人主体材料在零重力环境下对黏附作用的影响可以忽略不计,定义一种名为 ying 的材料,作为机器人主体的材料,两种材料的弹性模量(Shear Modulus)、泊松比(Poisson's Ratio)、密度参数(Density)如图 6.9 和图 6.10 所示。

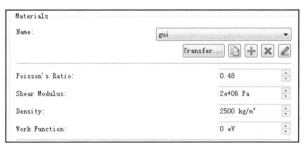

图 6.9　黏附足材料的参数

　　设置完材料参数后,还要设置材料间的相互作用关系,即 Interaction。包括三个约束条件,分别是恢复系数、静摩擦系数、动摩擦系数。本次仿真的主要目的是验证足底黏附作用对机器人运动状态的影响,恢复系数及摩擦系数的作用可以忽略不计,参数设置保持缺省值,如图 6.11 所示。

图 6.10　机器人主体材料参数

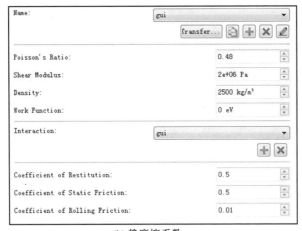

(a) 恢复系数

(b) 静摩擦系数

图 6.11　材料间的相互作用关系

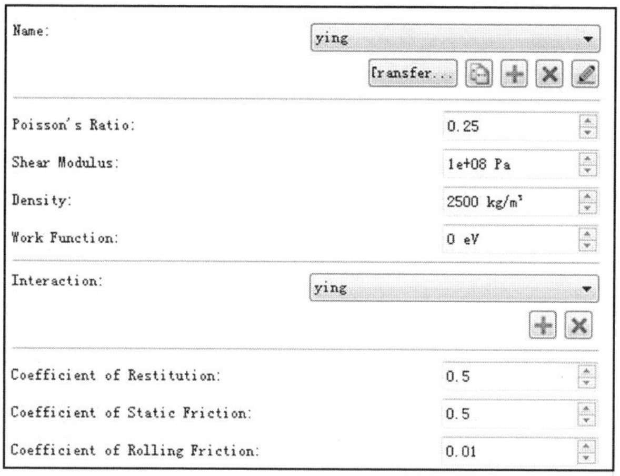

(c) 动摩擦系数

续图 6.11

2. 定义颗粒属性

定义颗粒属性是通过设置第二个菜单栏 Particles 来完成的,这一菜单设置的是颗粒名称、颗粒半径、颗粒接触半径和颗粒位置,一种参数下三种颗粒的参数设置如图 6.12 所示。

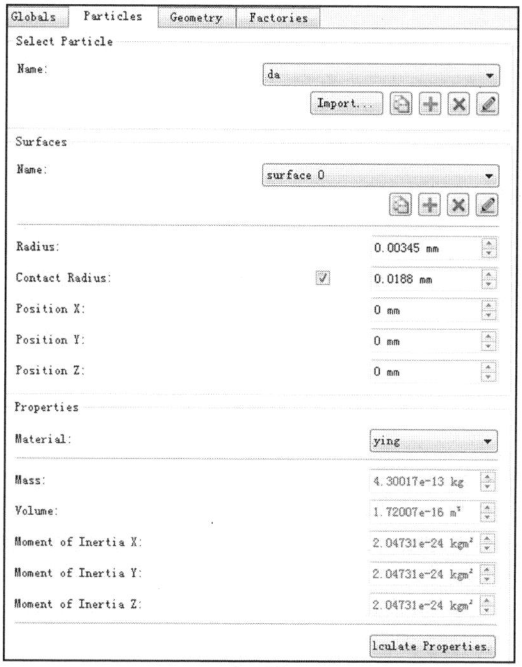

(a) 大颗粒

图 6.12　一种参数下三种颗粒的参数设置

(b) 中颗粒

(c) 小颗粒

续图 6.12

微阵列模型中一共用到三种颗粒,其中小颗粒通过 Bonding 模拟黏附足足端结构,中颗粒及大颗粒位于机器人主体结构中,通过远程 Bonding 实现与小颗粒的黏接,进而实现足底小颗粒与主体之间的连接。由于要进行不同阵列密度以及长径比下的黏附足模型仿真,因此每组仿真的参数设置也不同,不同组微阵列下的颗粒具体参数可以在仿真文件中查找。

　　定义完颗粒的属性后,返回第一个菜单栏选项,定义颗粒对颗粒之间的黏接力参数,包括黏接时刻、黏接对象、黏接颗粒之间法向刚度系数和切向刚度系数、黏接键所能承受的最大正应力和切应力,本次仿真需要设置颗粒为大 — 小、中 — 小、小 — 小、大 — 中之间的黏接力参数,如图 6.13 所示。

　　完成颗粒间黏接力参数的设置后,需要设置颗粒与几何面接触的黏附功,黏附功参考仿壁虎足端结构相关论文中的实验及测量数据,选定为 $0.05\ \mathrm{J/m^2}$,如图 6.14 所示。

(a) 大-小

(b) 中-小

图 6.13　颗粒黏接力参数设置

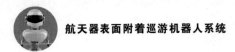

航天器表面附着巡游机器人系统

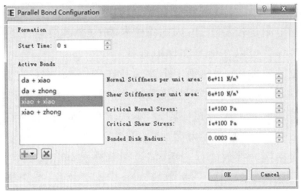

(c) 小-小

(d) 大-中

续图 6.13

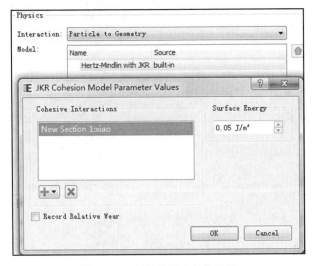

图 6.14　表面黏附功参数设置

3. 导入几何模型

　　EDEM 中自带的简单几何制图模块,操作不便,且造型功能差,因此在其他三维制图软件中完成微阵列几何模型后,保存为 igs 格式。在 EDEM 的 Geometry 菜单栏中 Sections 部分有一个 Import 菜单,通过这个菜单可以把 igs 格式的几何模型导入。导入微阵列几何模型后,还需要添加一个颗粒工厂的几何模型。设置几何模型主要包括三大部分:第一部分是材料属性参数(Details),主要设置体积参数、材料参数、工厂类型,颗粒工厂的类型属性是虚拟的(Virtual),这点需要特别注意;第二部分是运动参数设置(Dynamics),颗粒工厂不用设置,微阵列主体要设置运动参数;第三部分是工厂几何参数的设置,包括工厂的形状、位置属性、大小属性等,这些参数根据研究模型的需要进行设置,如图 6.15 所示。

| Globals | Particles | Geometry | Factories |

Domain

	Min:	Max:
X:	−0.001 mm	0.101 mm
Y:	−0.0006 mm	0.0606 mm
Z:	−0.101 mm	0.001 mm

☐ Auto Update from Geometry

Sections

Name:

New Section 1

Import...　Merge...

Periodic Boundaries

☐ X　☐ Y　☐ Z

| Details | Dynamics | Box |

General

Volume:	Volume
Material:	ying
Type:	Physical

Center of Mass

☑ Auto Adjust

X:	0.05 mm
Y:	0.003 mm
Z:	−0.05 mm

Reset

图 6.15　几何体参数设置

4. 设置颗粒工厂

颗粒工厂的作用是自动产生大量的颗粒,创建颗粒工厂首先需要选择颗粒工厂的类型,包括动态和静态两种;其次选择生产颗粒的总数以及生产颗粒的速率;然后再选择颗粒的类型以及颗粒下降的速度等,这些参数应根据模型的需要来选取。在颗粒生成后,将颗粒工厂删除,可以提高后续的仿真速度。颗粒工厂参数设置如图 6.16 所示。

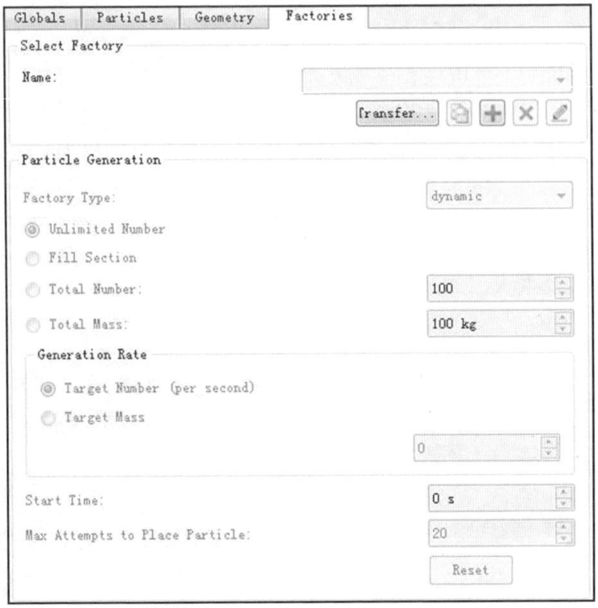

Globals	Particles	Geometry	**Factories**

Select Factory

Name: _____

[ransfer...] [📋] [➕] [✖] [✎]

Particle Generation

Factory Type: dynamic ▾

◉ Unlimited Number
○ Fill Section
○ Total Number: 100
○ Total Mass: 100 kg

Generation Rate

◉ Target Number (per second)
○ Target Mass

0

Start Time: 0 s
Max Attempts to Place Particle: 20

[Reset]

图 6.16　颗粒工厂参数设置

6.1.4　仿真参数设置

仿真开始之前需要对仿真参数进行设置。单击求解器(Simulator),就会有一个求解器面板,面板上有时间步长(Fixed Time Step)、仿真时间(Total Time)、软件读写时间间隔(Target Save Interval)、网格设置(Cell Size)、处理器的个数(Number of Cores)等参数,仿真参数设置如图 6.17 所示。

下面介绍时间步长和网格尺寸的确定原则。

(1) 时间步长的确定。

时间步长的含义是相邻两个步长的时间间隔,时间步长的选取对仿真效率和仿真精度有很大影响。如果选取的时间步长过大,则有可能使两个颗粒的重叠量过大,导致仿真出错;如果选取的时间步长过小,计算量将急剧增大,则可能导致仿真时间过长。选取时间步长主要参照颗粒的半径、密度等进行计算。同时读写时间间隔关系到仿真过程中采集到的仿真点的数量,时间间隔越小,录制

图 6.17　仿真参数设置

视频帧数越高,后处理时可以利用的数据点越多,但是相应的仿真文件也越大。

（2）网格尺寸的确定。

网格尺寸是系统检测颗粒间碰撞的最小单元格,正确选取网格尺寸有利于提高仿真速度。如果网格尺寸过小,总的网格数将十分庞大,在计算机计算能力一定的情况下,计算将十分缓慢。根据经验,一般情况下,网格大小设置为最小颗粒尺寸的 2～5 倍。

6.1.5　仿真结果及分析

完成上述参数设置后,单击"运行"开始仿真过程。仿真主要针对微阵列密度、长径比、脱附角度三个方面进行,计算完成后对结果进行分析,最终得到最优的微阵列结构和黏附足脱附角度。针对多组影响因素,仿真采取控制变量法,首先确认最优的微阵列密度,其次确认长径比,最后进行脱附角度优化,下面分三部分进行分析。

1. 微阵列密度优化

基于上述参数,对微阵列的脱附情况进行仿真与分析,得到不同微阵列密度下的最大法向黏附力;然后通过对比各密度下的最大黏附力,得到最优微阵列密度。仿真模型为垂直微阵列,仿真过程采取先预压、再拉伸的方式,确定某一脱附角度时的受力情况,对于微阵列密度的仿真具体过程如下。

(1) 施加竖直向下的速度,位移为足底至平面的距离。

(2) 颗粒与平面间的表面黏附功将足部黏附在平面上。

(3) 施加竖直向上的速度,刚毛开始被拉伸。

(4) 微阵列继续向上运动,直到完成脱附。

以此得到某一密度下的受力情况,确定最大黏附力,垂直微阵列在竖直方向的脱附过程如图 6.18 所示。

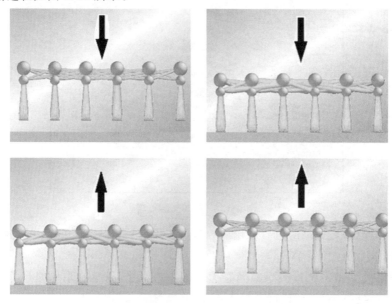

图 6.18　垂直微阵列在竖直方向的脱附过程

为缩短仿真计算量,在足部截取截面大小为 0.1 mm × 0.1 mm 的微阵列。依据国内相关仿壁虎刚毛微阵列样品的长径比和刚毛间距,选用 2:1、3:1、4:1、6:1 四种长径比,每种长径比给出密度为 4×4、5×5、6×6、7×7 四种微阵列密度,仿真得到不同长径比下各密度的最大黏附力数值,数据在 EDEM 软件中生成散点图。图 6.19 所示为当长径比为 2:1、微阵列密度为 4×4 时,进行脱附仿真,对应的各时间点最大黏附力变化曲线。

2. 长径比优化

图 6.20 所示为密度为 6×6,长径比为 3:1 微阵列的最大黏附力变化曲线。

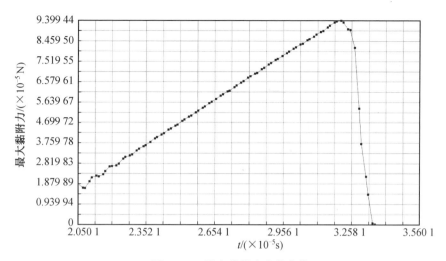

图 6.19　最大黏附力变化曲线

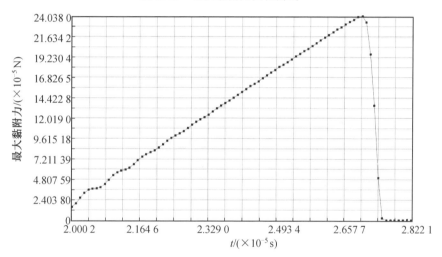

图 6.20　最大黏附力变化曲线

将不同微阵列密度下长径比与最大黏附力的关系进行汇总,为观察最大黏附力随长径比的变化趋势,绘制成图 6.21 所示的关系曲线。

3. 脱附角度优化

对于微阵列密度的仿真,最终目的是为保证机器人在运动过程中,能够通过黏附作用平衡本体惯性力以及翻转过程中的离心力。在确定最优微阵列密度及长径比以后,需要进一步分析,除黏附足以外,剩余的足部在脱附过程中最优的脱附角度,以此减少脱附所需的最大黏附力。选用微阵列密度为 6×6,长径比为 $3:1$ 的垂直微阵列进行仿真计算,各参数设置与微阵列密度优化、长径比优化保持一致。仿真过程采取先预压、再拉伸的方式,确定某一脱附角度时的受力情

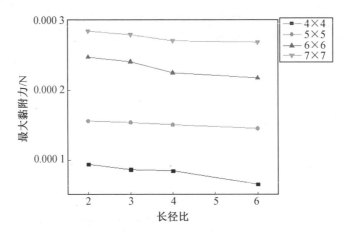

图 6.21　不同微阵列密度下长径比与最大黏附力的关系曲线

况,具体过程如下。

(1) 施加竖直向下的速度,位移为足底至平面的距离。

(2) 颗粒与平面间的表面黏附功将足部黏附在平面上。

(3) 施加带有切向速度的运动,切向与法向速度的比值对应脱附角的正切值,刚毛开始被拉伸。

(4) 微阵列继续向斜上方运动,直到完成脱附。

以此得到某一脱附角下的受力情况,确定最优的脱附角度,垂直微阵列带有切向运动的脱附过程如图 6.22 所示。

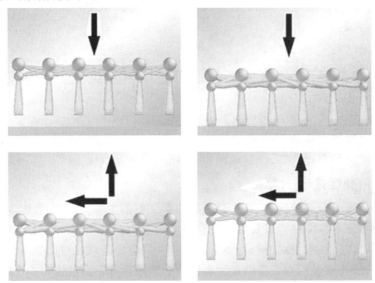

图 6.22　垂直微阵列带有切向运动的脱附过程

选用微阵列密度为 6×6,长径比为 3:1 的微阵列进行进一步的仿真分析,得到黏附力随时间变化的关系曲线,图 6.23 所示为脱附角度为 20° 时最大法向和切向黏附力的变化曲线。

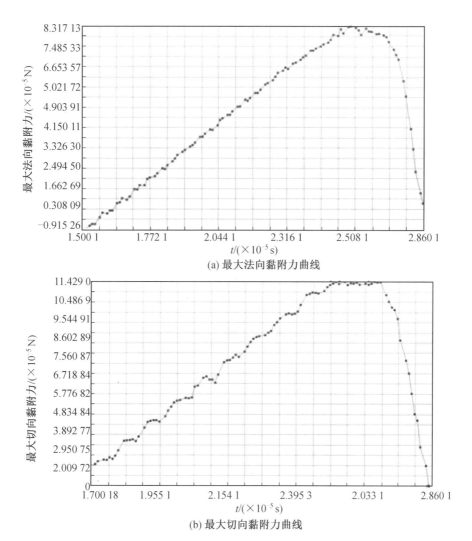

(a) 最大法向黏附力曲线

(b) 最大切向黏附力曲线

图 6.23　脱附角度为 20° 时最大法向和切向黏附力的变化曲线

将不同脱附角度下,微阵列黏附力取最大值汇总,得到的数据见表 6.1。

表 6.1 不同脱附角度下微阵列最大黏附力

脱附角度 /(°)	最大切向黏附力 /N	最大法向黏附力 /N	合力 /N
0	$2.224\ 46 \times 10^{-4}$	0	0.000 222
10	$1.476\ 79 \times 10^{-4}$	$6.636\ 42 \times 10^{-5}$	0.000 162
20	$7.426\ 06 \times 10^{-5}$	$1.142\ 90 \times 10^{-4}$	0.000 136
23	$7.050\ 53 \times 10^{-5}$	$1.011\ 47 \times 10^{-4}$	0.000 123
26	$6.631\ 24 \times 10^{-5}$	$1.083\ 04 \times 10^{-4}$	0.000 127
29	$6.256\ 95 \times 10^{-5}$	$1.186\ 00 \times 10^{-4}$	0.000 134
30	$6.376\ 01 \times 10^{-5}$	$1.195\ 68 \times 10^{-4}$	0.000 136
33	$5.858\ 62 \times 10^{-5}$	$1.272\ 10 \times 10^{-4}$	0.000 14
36	$5.523\ 68 \times 10^{-5}$	$1.332\ 18 \times 10^{-4}$	0.000 144
39	$5.240\ 49 \times 10^{-5}$	$1.440\ 42 \times 10^{-4}$	0.000 153
40	$5.265\ 66 \times 10^{-5}$	$1.449\ 24 \times 10^{-4}$	0.000 154
45	$4.640\ 21 \times 10^{-5}$	$1.601\ 83 \times 10^{-4}$	0.000 167
50	$4.138\ 79 \times 10^{-5}$	$1.728\ 19 \times 10^{-4}$	0.000 178
60	$3.027\ 55 \times 10^{-5}$	$1.917\ 47 \times 10^{-4}$	0.000 194
70	$2.001\ 80 \times 10^{-5}$	$2.066\ 55 \times 10^{-4}$	0.000 208
80	$8.716\ 93 \times 10^{-6}$	$2.107\ 77 \times 10^{-4}$	0.000 211
90	0	$2.221\ 30 \times 10^{-4}$	0.000 222

为观察最大黏附力随脱附角度的变化趋势,绘制成图 6.24 所示的关系曲线。

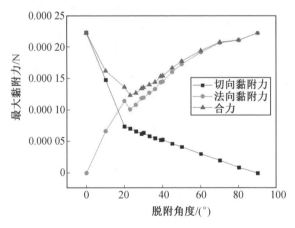

图 6.24 脱附角度与最大黏附力的关系曲线

总结黏附力随脱附角的变化情况,有如下规律。

(1) 切向黏附力随着脱附角度的增大而减小,法向黏附力随着脱附角度的增大而增大。

(2) 切向黏附力和法向黏附力的变化率随着角度的增大而减小。

(3) 脱附角度小于 20° 时,切向黏附力下降的速率大于法向黏附力上升的速率,是导致该点合力处于低点的原因。因此,黏附足的脱附角度大致在 20° 左右波动,尽量偏向波动较缓的右侧,即大于 20° 一侧。

微观黏附足借鉴壁虎刚毛的黏附机理,可由此设计微米级微阵列的机器人足端结构。在上述结构设计基础上,利用离散元软件建立仿真模型,对壁虎的强吸附能力和快速脱附能力进行理论建模分析,建立垂直微阵列的受力模型,模拟微阵列在不同结构参数和运动状态下的黏附和脱附过程,对微阵列的黏附特性进行分析。

仿真结果表明,为保证微阵列黏附力,微阵列密度和长径比应分别在 6×6 和 3∶1 附近波动;为保证微阵列的易脱附性,脱附角度应控制在 20°～25° 之间,这为后续进行黏附足的动力学联合仿真,以及实现机器人足的吸附和快速脱附能力提供了理论支持。

6.2　　巡游机器人多体动力学仿真建模

6.2.1　　巡游机器人 EDEM 模型的建立

将建立好的巡游机器人 SolidWorks 模型导入 EDEM 中,如图 6.25 所示。

在导入模型时,单位参数如图 6.26 所示,对应 SolidWorks 与 EDEM 的单位,并且不要合并几何体,否则导入的几何体将合并为一个零件,巡游机器人的各个关节将无法运动。成功导入模型之后,巡游机器人在 EDEM 中的模型如图 6.27 所示。

在此基础上,建立仿生黏附机器人足的微阵列模块。为了提高运算速度,在微阵列总面积不变的情况下,将微阵列的支杆直径、支杆间距和支杆长度等比例放大 200 倍,图 6.28 所示为巡游机器人单个足的微阵列结构。

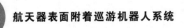

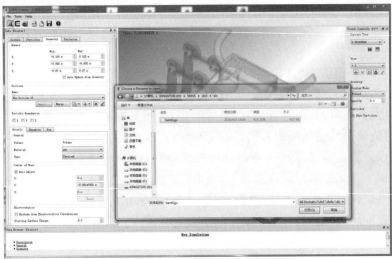

图 6.25　导入模型过程

图 6.26　单位参数

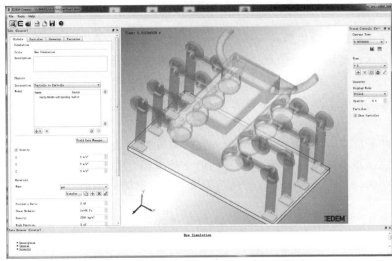

图 6.27　巡游机器人在 EDEM 中的模型

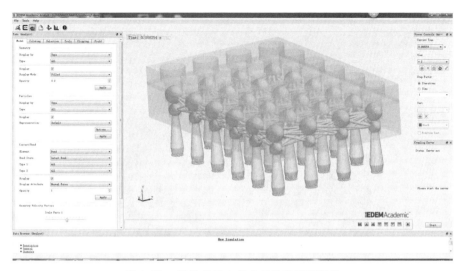

图 6.28　巡游机器人单个足的微阵列结构

6.2.2　巡游机器人 ADAMS 模型的建立

由于在 EDEM 中无法建立多个几何体之间的运动关系，所以通过 ADAMS(仿真建模软件)建立巡游机器人各个关节之间的运动关系。

先将巡游机器人 SolidWorks 模型导入 ADAMS 中,如图 6.29 所示。在添加旋转副的时候,要注意关节之间主动和随动的关系,确定 First Body 和 Second Body。

在建立好机器人各个关节的运动副之后,针对蠕动巡游对机器人的运动步态进行设计。

机器人巡游的方式为每四个足为一组,交替向前爬行。机器人巡游的速度要求为 1 cm/s,机器人胯关节与踝关节的水平距离为 66 mm,由于机器人尺寸的限制,胯关节每一步转动 12°,足每步可以向前移动 11 mm。因为巡游速度的要求,设计每步的运行时间为 1 s。

通过对微阵列黏附特性的分析表明,黏附足在脱附过程中的最佳脱附角为 20°～23°之间。已知机器人大腿长度为 43 mm,小腿长度为 82 mm,初始位置时大腿与接触表面平行,小腿与接触表面垂直。当爬行机器人的黏附足以 20°角脱附时,小腿转动的角速度为大腿转动角速度的 0.44 倍。当黏附足以 23°角脱附时,小腿转动的角速度为大腿转动角速度的 0.24 倍。

基于上述要求,对两组腿的运动参数进行设置。图 6.30 所示为第一组腿各个关节的运动参数设置,图 6.31 所示为第二组腿各个关节的运动参数设置。

图 6.32 所示为添加完成运动副和各关节驱动之后的 ADAMS 模型,并在

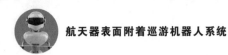
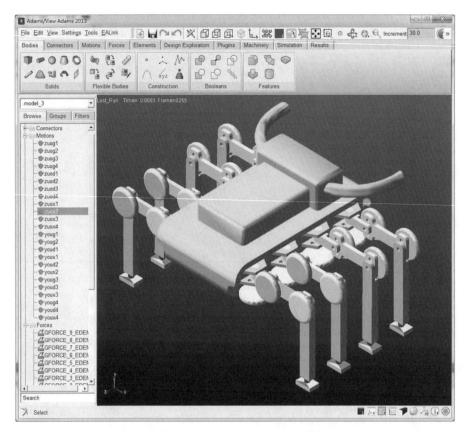

图 6.29 导入 ADAMS 中的巡游机器人模型

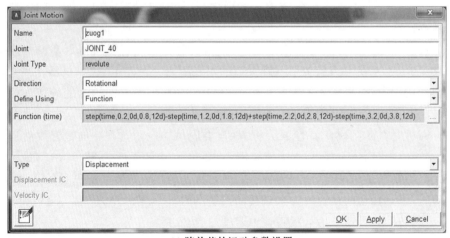

(a) 胯关节的运动参数设置

图 6.30 第一组腿各个关节的运动参数设置

(b) 驱动大腿的运动参数设置

(c) 驱动小腿的运动参数设置

续图 6.30

ADAMS 中仿真确定步态运动的正确性。为 EDEM 与 ADAMS 的联合仿真做准备。

6.2.3　巡游机器人 EDEM 与 ADAMS 的耦合仿真

EDEM 是基于现代先进离散元技术的通用 CAE 软件(有限元分析软件),用以模拟散状物料加工处理过程中颗粒体系的行为特征。

耦合模块(EALink)是 EDEM MBD Coupling 的重要接口程序,是特别针对 EDEM 与通用多体动力学仿真软件 MSC ADAMS 而开发的耦合工具。EALink 作为颗粒－结构动力学一体化仿真平台,用于实现颗粒与结构相互作用过程中力与位移的数据交互传递,主要应用场合包括铲斗挖掘、矿车装卸、填方压实等

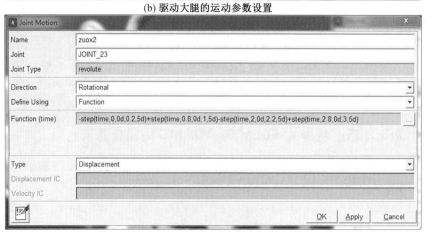

(a) 胯关节的运动参数设置

(b) 驱动大腿的运动参数设置

(c) 驱动小腿的运动参数设置

图 6.31　第二组腿各个关节的运动参数设置

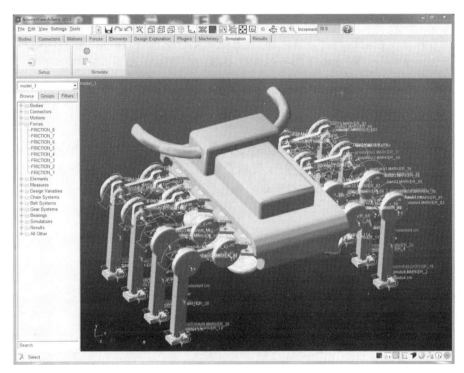

图 6.32　添加完成运动副和各关节驱动之后的 ADAMS 模型

涉及颗粒和机械设备相互作用的过程,能够作为散料机械设计研发过程中的重要仿真分析手段,协助设计人员对各类散料处理设备进行设计、测试和优化工作。

利用 EAlink 实现 EDEM 与 ADAMS 耦合计算的形式有两种:单向耦合和双向耦合。

1. 单向耦合

每一个时间步内,ADAMS 将指定部件三个方向的平动值和转动值(具体指 X、Y、Z 方向的线位移与线速度,X、Y、Z 方向的角位移与角速度)传递给 EDEM 中对应的几何体,EDEM 中的几何体依据得到的位移与速度数据运动。

2. 双向耦合

每一个时间步内,ADAMS 将指定部件三个方向的平动值和转动值传递给 EDEM 中对应的几何体,几何体的位置变动导致颗粒受力的位置、大小和方向不同;接着,EDEM 计算出此时颗粒对几何体的作用力与作用力矩,并将作用力与作用力矩数据传递回 ADAMS 中,那么在下一个时间步起始,ADAMS 将根据新的载荷信息和自身驱动联合计算出部件新的位移、速度信息,循环交互传递数据,完成双向耦合计算。

对于巡游机器人腿部的驱动特性和机器人足黏附功能的分析,需要采用双向耦合计算。在进行耦合仿真之前,需要进行单位制检查,EDEM 和 ADAMS 耦合计算中采用国际标准单位制进行数据交换,在 EDEM 界面进行单位设置不会影响耦合计算,而在 ADAMS 界面进行单位设置会对耦合计算产生影响。需保证在 ADAMS 中"Units Settings"设置力的单位为 N、长度的单位为 mm、质量的单位为 kg,即默认单位设置。

打开 EDEM 模型,启动 EDEM 耦合服务,在进行 EDEM 与 ADAMS 耦合计算之前,需要事先确保 EDEM 处于可耦合状态。EDEM 耦合服务器状态控件能够被选择显示和隐藏,即从工具菜单中选择"EDEM Coupling Options",图 6.33 所示为显示耦合服务。

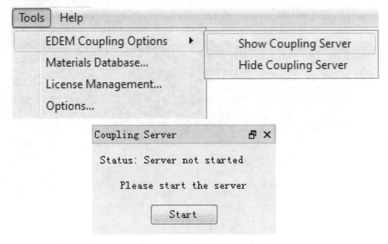

图 6.33　显示耦合服务

单击"Start"按钮,启动耦合服务器,如图 6.34 所示。

图 6.34　启动耦合服务器

打开 ADAMS 模型,从 ADAMS 菜单栏上打开 EALink 对话框,进行耦合设置。

由于在 EDEM 中主要对机器人足的黏附特性进行仿真,为了简化模型,提高仿真速度,只需要将巡游机器人的 8 个黏附足与 ADAMS 中的 8 个黏附足进行匹配,其余几何体无须参与耦合。

图 6.35 所示为添加参与耦合的几何体,通过 Part List 选择 ADAMS 中参与耦合的几何体;准确输入 EDEM 中与上面相匹配的几何体名称;勾选 Two — Way;单击"Coupling"将耦合对应关系录入其下表中,同时在左侧的 Force 栏中可以看到双向耦合反馈回来的 EDEM 中所对应几何体的受力。

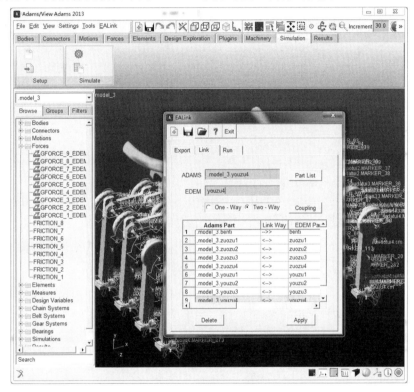

图 6.35　添加参与耦合的几何体

将 ADAMS 中巡游机器人的黏附足和 EDEM 中的黏附足一一对应。确定仿真计算的总时间以及仿真计算时间步长,ADAMS 中设置的仿真时间步长需要与 EDEM 中设置的仿真时间步长呈整数倍关系,如图 6.36 和图 6.37 所示。

在 ADAMS 中设置巡游机器人驱动腿的运动步态,使得黏附足脱离接触表面。在每一个时间步长内,ADAMS 将黏附足三个方向的平动值和转动值传递给 EDEM 中对应的黏附足,黏附足的位置变动导致由颗粒堆积成的微阵列的位置发生改变;接着,EDEM 计算出此时微阵列与黏附足的相互作用力和作用力矩,并将作用力与作用力矩的数据传递回 ADAMS 中,那么在下一个时间步起始,ADAMS 将根据新的载荷信息和自身驱动联合计算出零件(黏附足)新的位

图 6.36　ADAMS 中设置的仿真时间步长

图 6.37　EDEM 中设置的仿真时间步长

移和速度信息,循环交互传递数据,完成耦合计算流程,如图 6.38 所示。

　　建立完成的联合仿真平台如图 6.39 所示,运行联合仿真模型,即可完成巡游机器人黏附足脱附和黏附过程的离散元仿真分析,验证机器人足的黏附功能,并获得机器人在巡游过程中各个关节所需要的最大驱动力矩,以及每步可移动的距离,通过分析验证机器人腿的运动功能和机器人的巡游速度。

ADAMS进行一个时间步
的动力学计算

EDEM开始当前时间步的
迭代计算

将几何体受到颗粒作用的
力与力矩传递回ADAMS

EDEM获取ADAMS动力学
计算的几何体位置数据

EDEM计算颗粒与几何体
之间的相互作用

图 6.38　耦合计算流程图

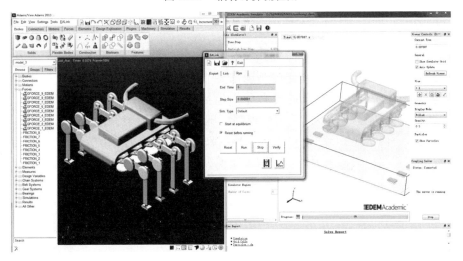

图 6.39　建立完成的联合仿真平台

6.3　SMA 丝驱动控制的 MATLAB 仿真建模

6.3.1　SMA 驱动关节运动学模型

巡游机器人腿部关节转角的位置是由驱动腿部关节的 SMA 丝的伸缩量直接决定的。通过控制 SMA 丝的应变即可控制各关节角的位移,SMA 丝长度 L 与关节转角 θ 之间关系为

$$\Delta L = R \Delta \theta \tag{6.11}$$

式中 R——腿部关节驱动链轮的半径。

用 SMA 丝的应变 ε 可表示为

$$\Delta\varepsilon = \frac{R\Delta\theta}{L_0} \tag{6.12}$$

由于巡游机器人腿部采用差动驱动,因此腿部关节末端角位置由两根 SMA 丝共同决定。假定丝 1 通电收缩而丝 2 被拉伸,则有

$$\varepsilon_1 = \frac{R(\theta_0 - \theta_i)}{L_{10}} \tag{6.13}$$

$$\varepsilon_2 = \frac{R(\theta_0 - \theta_i)}{L_{20}} \tag{6.14}$$

式中 θ_0 —— 初始关节转角位置;

θ_i —— 瞬时关节转角位置;

L_{10} ——SMA 丝 1 长度;

L_{20} ——SMA 丝 2 长度。

6.3.2 SMA 驱动关节力学模型

建立 SMA 丝应力、应变之间与腿部关节运动参数的关系前,必须对腿部关节进行受力分析。腿部关节的受力分析包括静力学模型分析与动力学模型分析。这里只分析腿部关节的动力学模型。腿部关节的旋转是通过 SMA 丝驱动的。其中,一侧 SMA 丝 1 通电加热后长度收缩驱动关节转动,另一侧 SMA 丝 2 则被拉伸,并驱动腿部关节运动。动力学模型如下:

$$J\ddot{\theta} = F_1 R - F_2 R - mgl\sin\theta - \tau_f - \rho\dot{\theta} \tag{6.15}$$

式中 F_1——SMA 丝 1 拉力;

F_2——SMA 丝 2 拉力;

m—— 腿部质量;

l —— 质心相对于关节旋转中心的距离;

θ —— 关节转角;

τ_f —— 关节摩擦力矩;

ρ —— 阻尼系数。

驱动端 SMA 丝 1 拉力分析如下。

在初始状态 $(\xi_0 = 1、E(\xi_0) = E_M)$ 下有

$$\sigma - \sigma_0 = E_A\varepsilon + \xi(E_M - E_A)\varepsilon - E_M\varepsilon_0 - \varepsilon_L[E_A + \xi(E_M - E_A)] +$$
$$\varepsilon_L E_M + \theta(T - T_0) \tag{6.16}$$

驱动端处于加热状态,SMA 丝逐渐由马氏体向奥氏体转变,因此有

$$\xi = \frac{\xi_M}{2}\{\cos[a_A(T - A_S) + b_A\sigma] + 1\} \tag{6.17}$$

回复端 SMA 丝一直处于常温状态不发生马氏体向奥氏体转变,故 $\xi=1$,类似于偏置弹簧,因此有

$$\sigma-\sigma_0=E_{\mathrm{M}}\varepsilon-E_{\mathrm{M}}\varepsilon_0+\theta(T-T_0) \tag{6.18}$$

6.3.3　SMA 驱动 MATLAB 仿真分析

为了简化仿真,这里只对腿部关节俯仰自由度进行仿真分析。腿部关节整个运动过程中每次只有一根 SMA 丝通电,即仿真过程中每次只有一根 SMA 丝有电流输入。通过对不同 SMA 丝通电实现腿部的俯仰运动。结合上述所定义的数学模型,运用 MATLAB/Simulink 完成腿部关节的仿真。模型中参数可变化,以便在仿真过程中不断优化关节运动学模型,图 6.40 所示为腿部关节仿真图。

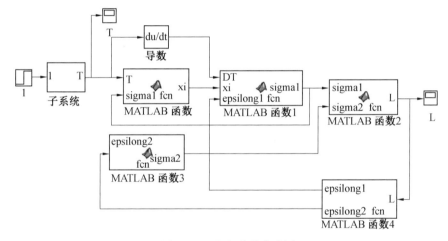

图 6.40　腿部关节仿真图

腿部的相关几何参数可从建立的 CAD 模型中得到。在系统建模过程中,一个挑战是各个文献中描述形状记忆效应所需的参数不一致。通过对腿部关节俯仰自由度各运动参数的灵敏度分析,表明该系统对摩擦模型和热对流模型的参数是比较敏感的。因此,使用实验参数识别来确定自然对流系数 h 的值,以及摩擦力矩。

SMA 驱动单元的各元器件参数及实验环境参数见表 6.2。

表 6.2 列出了仿真所需要的参数及其数值。本设计中,SMA 丝的热膨胀不会导致导线长度发生变化,因此假定热弹性系数为零。此外,本次选择的 SMA 丝的最大可回复变形为 10%,为增加其使用寿命,在仿真与实验中选择 8% 作为 SMA 丝的最大应变。

表 6.2 SMA 驱动单元的各元器件参数以及实验环境参数

参数名称	符号	参数值
奥氏体相变开始温度	A_S	55 ℃
奥氏体相变结束温度	A_f	80 ℃
马氏体相变开始温度	M_S	45 ℃
马氏体相变结束温度	M_f	20 ℃
马氏体弹性模量	E_M	1.1 GPa
奥氏体弹性模量	E_A	13.6 GPa
SMA 丝直径	r	0.3 mm
SMA 丝比定压热容	c_p	460 J/(kg·℃)
SMA 丝单位长度电阻	R	4 Ω
环境温度	T_0	25 ℃
自然对流系数	h	70 W/(m²·℃)
SMA 丝长度	L	158 mm
SMA 丝密度	ρ	6.5 g/cm³
马氏体相变温度与临界应力比	C_M	10.3 MPa/℃
奥氏体相变温度与临界应力比	C_A	10.3 MPa/℃

　　通过上述热力学模型可以计算出 SMA 丝在通电加热时的温度变化曲线。已知环境温度为 25 ℃,给模型输入不同驱动电流,通过 MATLAB/Simulink 计算出通电 SMA 丝的温度随时间的变化曲线如图 6.41 所示。SMA 丝的驱动电流值分别设置为 0.5 A、1 A、1.5 A、2 A。当 SMA 丝接通电流时,SMA 迅速升温,随后上升速率下降并逐渐达到最大温度值保持稳定,此时 SMA 丝的电生热与散热达到动态平衡。

　　由图 6.41 可知,SMA 丝最高温度值随输入电流的变化而变化。当驱动电流分别设置为 0.5 A、1 A、1.5 A、2 A 时,SMA 丝能达到的最终温度依次为 36.6 ℃、71.6 ℃、129.8 ℃、211.3 ℃。由表 6.2 可知,在 0 负载状态下,SMA 丝的奥氏体相变起始温度为 55 ℃,结束温度为 80 ℃。当接通 0.5 A 的驱动电流时,SMA 丝达到热平衡时的最高温度小于奥氏体相变起始温度,SMA 丝没有产生相变。当接通电流为 1 A 时,SMA 丝的最高温度介于奥氏体相变开始与结束温度之间,此时使 SMA 丝产生不完全相变。当接通电流为 1.5 A 与 2 A 时,SMA 丝的最高温度超过了奥氏体相变结束温度,使 SMA 丝产生完全相变,即 SMA 丝回复变形量最大。从图 6.41 可知,随着驱动电流的增加,温度升高速率

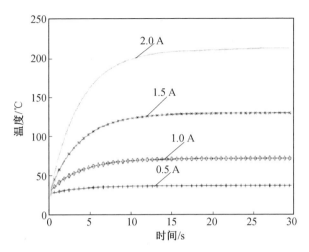

图 6.41   通电 SMA 丝的温度随时间的变化曲线

也在增加,因此在实际应用中可以通过调节驱动电流来调节 SMA 驱动器的响应速度。将驱动电流初始阶段设置为 10 A,为防止温度过高影响 SMA 丝的使用寿命,随后将电流降到 $1 \sim 1.5$ A 附近,对 SMA 进行热力学仿真,既能使驱动器响应迅速,又不会使 SMA 丝温度过高。特定输入电流下 SMA 丝的温度响应曲线如图 6.42 所示。

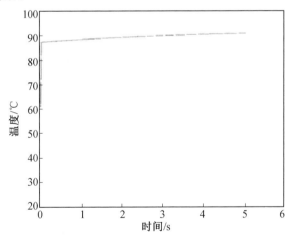

图 6.42   特定输入电流下 SMA 丝的温度响应曲线

从图 6.41 中可以看出,SMA 丝在 0.1 s 内达到奥氏体相变结束温度,且后续温度稳定在 130 ℃ 附近,由此可见 SMA 驱动器的响应速度随着输入电流的增加可以达到毫秒级。为了便于操作和实验数据的采集,仿真模型中电流设置为 1.5 A。关节角度响应曲线如图 6.43 所示。

如图 6.43 所示接通电流后,SMA 丝温度逐渐升高,当温度达到奥氏体相变

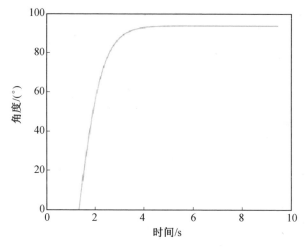

图 6.43　关节角度响应曲线

开始温度(55 ℃)时 SMA 丝收缩,关节开始旋转;当温度到达奥氏体相变结束温度时 SMA 丝收缩停止,关节随之停止旋转,完成弯曲动作,最大弯曲角度为93.8°,验证了驱动的可行性。在此过程中,另一根 SMA 丝相当于偏置弹簧,回复过程与之相反。

6.4　机器人巡游过程的动力学特性仿真分析

6.4.1　巡游机器人巡游过程

ADAMS 中机器人巡游过程如图 6.44 所示。

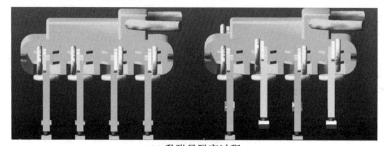

(a) 黏附足脱离过程

图 6.44　ADAMS 中机器人巡游过程

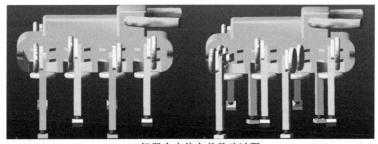

(b) 机器人本体向前移动过程

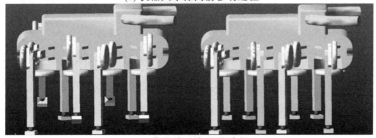

(c) 黏附足再次吸附过程

续图 6.44

　　ADAMS 中的黏附足与 EDEM 中的黏附足是一一对应的。图 6.45 所示为 EDEM 中机器人的巡游过程(向前移动中黏附足的运动过程)。

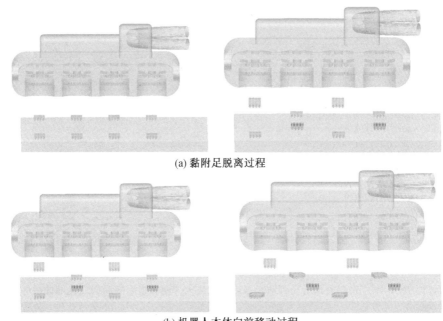

(a) 黏附足脱离过程

(b) 机器人本体向前移动过程

图 6.45　EDEM 中机器人的巡游过程

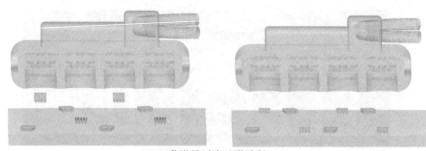

(c) 黏附足再次吸附过程

续图 6.45

6.4.2 巡游机器人巡游过程中足部黏附力变化

在巡游机器人向前移动的过程中，与航天器接触的四个机器人足所受到航天器表面的最大切向黏附力见表 6.3。图 6.46 所示为与航天器接触的四个机器人足所受到航天器表面的最大切向黏附力随时间变化的曲线。

表 6.3　与航天器接触的四个机器人足所受到航天器表面的最大切向黏附力

机器人足	左侧第一个足	左侧第三个足	右侧第二个足	右侧第四个足
最大切向黏附力 /N	0.97	0.85	1.04	0.98

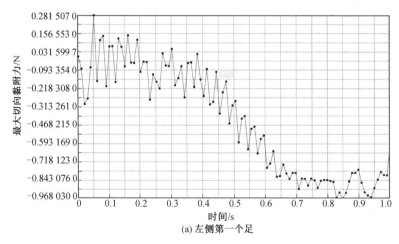

(a) 左侧第一个足

图 6.46　机器人足所受到航天器表面的最大切向黏附力随时间变化的曲线

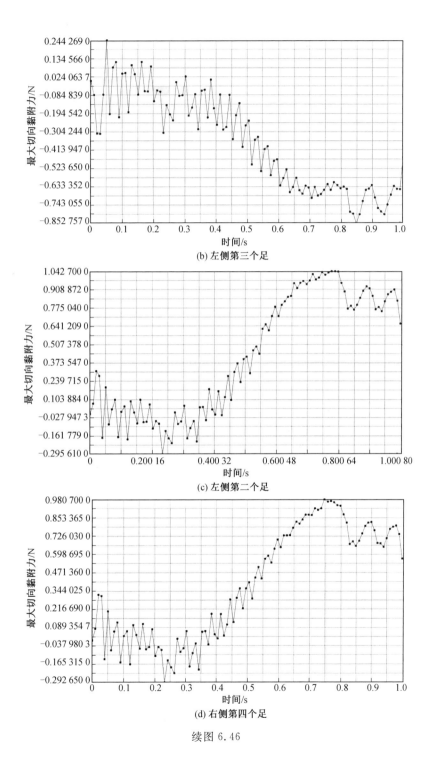

(b) 左侧第三个足

(c) 左侧第二个足

(d) 右侧第四个足

续图 6.46

通过巡游机器人移动过程的离散元仿真分析,在机器人足 1 s 迈一步的情况下,巡游机器人向前移动了 10.6 mm,巡游机器人本体移动距离随时间变化的曲线如图 6.47 所示。

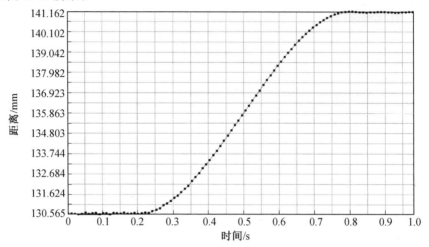

图 6.47　巡游机器人本体移动距离随时间变化的曲线

通过联合仿真的结果可以看出在零重力环境下,机器人足可以黏附在航天器表面,在机器人向前巡游的过程中,机器人足的切向黏附力可以为机器人提供向前的驱动力,验证了机器人足的黏附功能。并且可以通过驱动胯关节实现机器人 1 s 移动 10.6 mm,验证了机器人腿的运动功能,并且满足 1 cm/s 的机器人巡游速度技术指标,为下一阶段原理样机的研制奠定了基础。

参 考 文 献

[1] 王晓海. 空间在轨服务技术及发展现状与趋势[J]. 卫星与网络, 2016(3): 70-76.

[2] 崔乃刚, 王平, 郭继锋, 等. 空间在轨服务技术发展综述[J]. 宇航学报, 2007, 28(4): 805-811.

[3] 刘宏, 刘冬雨, 蒋再男. 空间机械臂技术综述及展望[J]. 航空学报, 2021, 42(1): 1-14.

[4] JACOB J. Spacecraft structures[M]. Berlin: Springer, 2008.

[5] 庞新源. 非合作目标识别及多功能捕获机构的研究[D]. 哈尔滨: 哈尔滨工业大学, 2014.

[6] 柴洪友, 高峰. 航天器结构与机构[M]. 北京: 北京理工大学出版社, 2018.

[7] 石文静, 高峰, 柴洪友. 复合材料在航天器结构中的应用与展望[J]. 宇航材料工艺, 2019, 49(4): 1-6.

[8] 贾文涛. 航天器结构的热弹性-结构动力学分析[D]. 秦皇岛: 燕山大学, 2019.

[9] 李炳蔚, 祝学军, 卜奎晨, 等. 航天器结构可靠性安全系数设计方法研究[J]. 强度与环境, 2018, 45(4): 23-30.

[10] 王明明, 罗建军, 袁建平, 等. 空间在轨装配技术综述[J]. 航空学报, 2021, 42(1): 47-61.

[11] 刘宏, 刘冬雨, 蒋再男. 空间机械臂技术综述及展望[J]. 航空学报, 2021, 42(1): 33-46.

[12] 姜冲. 基于采样的自由漂浮空间机器人目标抓捕运动规划研究[D]. 哈尔滨: 哈尔滨工业大学, 2020.

[13] 俞志成. 面向在轨服务的多臂空间机器人规划技术研究[D]. 南京: 南京航空航天大学, 2020.

[14] 南斌. 空间非合作目标相对导航方法研究[D]. 哈尔滨: 哈尔滨工业大学, 2019.

[15] 郝颖明, 付双飞, 范晓鹏, 等. 面向空间机械臂在轨服务操作的视觉感知技

术[J]. 无人系统技术，2018，1(1)：54-65.

[16] 闫海江，靳永强，魏祥泉，等. 国际空间站在轨服务技术验证发展分析[J]. 中国科学：技术科学，2018，48(2)：185-199.

[17] 何庆超. 空间机械臂末端工具的研制及其操作策略的研究[D]. 哈尔滨：哈尔滨工业大学，2017.

[18] 张建霞. 冗余空间机械臂的运动规划方法研究[D]. 大连：大连理工大学，2017.

[19] 赵照. 多星在轨服务任务规划技术研究[D]. 长沙：国防科学技术大学，2016.

[20] 任红艳，赵欣. 低空环境中多层隔热组件的破坏机理研究及防护[J]. 航天器环境工程，2008，25(6)：497,523-525.

[21] 徐利川. 空间机器人抓捕旋转目标体的策略与控制研究[D]. 长沙：国防科学技术大学，2015.

[22] 余婧. 航天器在轨服务任务规划技术研究[D]. 长沙：国防科学技术大学，2015.

[23] 王耀兵，马海全. 航天器结构发展趋势及其对材料的需求[J]. 军民两用技术与产品，2012(7)：8,15-18.

[24] 马尚君，刘更. 航天器结构的模块化设计方法综述[J]. 机械科学与技术，2011，30(6)：960-967.

[25] 陈烈民，沃西源. 航天器结构材料的应用和发展[J]. 航天返回与遥感，2007(1)：58-61.

[26] ANGEL F A, KHANH P, STEVE U. A review of space robotics technologies for on-orbit servicing[J]. Progress in Aerospace Sciences, 2014, 68(8): 1-26.

[27] TAYLOR L W. Continuum modeling of the space shuttle remote manipulator system[C]. Proc. of IEEE International Conference on Decision and Control. Tucson, Arizona: IEEE, 1992: 626-631.

[28] KUWAO F. Future space robotics on jemrms development[C]. Proceedings of the 25th International Symposium on Space Technology and Science. Kanazawa, Japan: ICTS, 2006: 1547-1550.

[29] ODA M. Spacerobot experiment on NASDA's ETS-VII satellite[C]. Proceedings of IEEE International Conference of Robotics and Automation. London, UK: IEEE, 1999: 1390-1395.

[30] JAMES F A, PETER D S. The development test flight of the flight telerobotic servicer: design description and lessons learned[J]. IEEE Transactions on Robotics and Automation, 1993, 9(3): 664-674.

[31] THRONSON H，LESTER D，MOER，et al. Review of us concepts for post-iss space habitation facilities and future opportunities[C]. AIAA Space 2010 Conference & Exposition. California，USA：AIAA，2010：86-95.

[32] VAFA Z，DUBOWSKY S. On the dynamics of space manipulator using the virtual manipulator with application to path planning[J]. The Journal of the Astronautical Science，1990，38(4)：441-472.

[33] WANG Mingming，LUO Jianjun，WALTER U. Trajectory planning of free-floating space robot using particle swarm optimization (PSO)[J]. Acta Astronautica，2015，112：77-88.

[34] ZHANG J，LUO Y Z，TANG G J. Hybrid planning for LEO long-duration multi-spacecraft rendezvous mission [J]. Science China Technological Sciences，2012，55(1)：233-243.

[35] HIRZINGER G，BRUNNER B，LAMPARIELLO R，et al. Advances in orbital robotics[C]. Proceedings 2000 ICRA. Millennium Conference. IEEE International Conference on Robotics and Automation. Symposia Proceedings (Cat. No. 00CH37065). San Francisco，CA：IEEE，2000：898-907.

[36] TSIOTRAS P，DE NAILLY A. Comparison between peer-to-peer and single-spacecraft refueling strategies for spacecraft in circular orbits[M]. Arlington：I@A，2005.

[37] 康杰，范鑫鑫，刘远伟. 四足爬行机器人腿部结构设计与步态规划[J]. 自动化应用，2017(10)：65-66,128.

[38] 倪宁. 四足仿生爬行机器人研制[D].南京：南京航空航天大学，2012.

[39] MINORU K，SADAYUKI U. Hybrid transducer type ultrasonic motor [J]. IEEE Transaction on Ultrasonics and Frequency Control，1991，38 (2)：89- 92.

[40] NAKAMURA K，KUROSAWA M，UEHA S. Characteristics of a hybrid transducer-type ultrasonic motor[J]. IEEE Transaction on Ultrasonics and Frequency Control，1998，38(3)：188-193.

[41] SANGSISG K，JIN S K. Wear and dynamic properties of piezo-electric ultrasonic motor with frictional materials coated stator [J]. Materials Chemistry and Physics，2005，90(2-3)：391-395.

[42] MRACEK M，WALLASCHEK J. A system for powder transport based on piezoelectrically excited ultrasonic progressive waves [J]. Materials Chemistry and Physics，2005，90(2-3)：378-380.

[43] 李满宏. 六足机器人自由步态规划及运动机理研究[D]. 天津:河北工业大学,2014.

[44] 白龙. 六足机器人机构动力学与气动实验研究[D]. 北京:中国矿业大学(北京),2017.

[45] 陈刚. 六足步行机器人位姿控制及步态规划研究[D]. 杭州:浙江大学,2014.

[46] 周雪峰. 六自由度双足机器人步行研究[D]. 广州:华南理工大学,2011.

[47] 宋献章,邵千钧,梁冬泰,等. 八足机器人行走机构设计及其运动学分析[J]. 机电工程,2019,36(10):1069-1074.

[48] 李高燕. 空间吸附式爬行机器人设计与仿真分析[D]. 北京:北京邮电大学,2020.

[49] 马广英,刘润晨,陈原,等. 4足机器人腿部机构运动学分析及步态规划[J]. 北京理工大学学报,2020,40(4):401-408.

[50] 常同立,刘学哲,顾昕岑,等. 仿生四足机器人设计及运动学足端受力分析[J]. 计算机工程,2017,43(4):292-297.

[51] 李栓成,孔瑞祥,李明喜,等. 四足机器人腿部结构运动学分析与仿真[J]. 军事交通学院学报,2014,16(8):91-94.

[52] 乌海东,孔庆忠. 双足机器人运动学分析与仿真[J]. 机械制造与自动化,2014,43(1):171-173,186.

[53] 余联庆,王玉金,王立平,等. 基于机体翻转的四足机器人翻越台阶过程的运动学分析[J]. 中国机械工程,2012,23(5):518-524.

[54] KURAZUME R, KAN Y, HIROSE S. Feedforward and feedback dynamic trot gait control for quadruped walking vehicle [J]. Autonomous Robots, 2002, 12(2):157-172.

[55] 刘罡,汪俊锋. 基于多体动力学的六足机器人快速步态研究[J]. 广西科技大学学报,2021,32(2):51-57.

[56] 唐火红,丁婧,严启凡. 液压驱动双足机器人步态规划及动力学仿真[J]. 机械设计与制造,2020(4):248-252,257.

[57] 王跃灵,刘鹏飞,王洪斌. 六足机器人的动力学建模与鲁棒自适应PD控制[J]. 机械设计,2016,33(12):15-20.

[58] 尤波,于桂鑫.六足机器人足端动力学建模仿真分析[J]. 黑龙江大学工程学报,2013,4(3):2,86-91,96.

[59] WINKLER A, HAVOUTIS I, BAZEILLE S, et al. Path planning with force-based foothold adaptation and virtual model control for torque controlled quadruped robots [C]. Proceedings of the IEEE International Conference on Robotics and Automation. Taiwan, China:IEEE, 2014:

6476-6482.

［60］ MISTRY M, BUCHLI J, SCHAAL S. Inverse dynamics control of floating base systems using orthogonal decomposition ［C］. Proceedings of the IEEE International Conference on Robotics and Automation. AK, USA:IEEE, 2010: 3406-3412.

［61］ 唐玲，袁宝峰，王耀兵，等. 一种空间吸附式爬行机器人设计及其步态规划［J］. 载人航天，2015，21(5)：486-491.

［62］ BUCHLI J, KALAKRISHNAN M, MISTRY M, et al. Compliant quadruped locomotion over rough terrain ［C］. Proceedings of the IEEE/RSJ International Conference on Intelligent Robots and Systems. Missouri, USA:IEEE, 2009: 814-820.

［63］ HIROSE S, YOSHIDA K, KAN T. The study of a map realization system (cancellation of ambient light and swaying motion of a robot) ［J］. Advanced Robotics，1987，2(3)：259-276.

［64］ KIMURA H, FUKUOKA Y, COHEN A H. Adaptive dynamic walking of a quadruped robot on natural ground based on biological concepts ［J］. The International Journal of Robotics Research，2007，26(5)：475-490.

［65］ PRATIHAR D K, DEB K, GHOSH A. Optimal path and gait generations simultaneously of a six-legged robot using a GA-fuzzy approach［J］. Robotics and Autonomous Systems，2002，41(1)：1-20.

［66］ YANG J M. Fault-tolerant gait generation for locked joint failures［C］. SMC'03 Conference Proceedings. 2003 IEEE International Conference on Systems, Man and Cybernetics. Conference Theme-System Security and Assurance (Cat. No. 03CH37483). Washington, DC, USA:IEEE, 2003: 2237-2242.

［67］ YANG J M, KIM J H. A strategy of optimal fault tolerant gait for the hexapod robot in crab walking［C］. Proceedings. 1998 IEEE International Conference on Robotics and Automation (Cat. No. 98CH36146). NJ, USA:IEEE, 1998: 1695-1700.

［68］ JIMENEZ M A, GONZALEZ DE SANTOS P. Attitude and position control method for realistic legged vehicles［J］. Robotics and Autonomous Systems，1996，18(3)：345-354.

［69］ UCHIDA H, NONAMI K. Attitude control of a six-legged robot in consideration of actuator dynamics by optimal servo control system［M］// Climbing and Walking Robots: towards New Applications. Intech Open, London: Intech Open, 2007.

[70] WANG Z Y, DING X L. Analysis of typical locomotion of a symmetric hexapod robot[J]. Robotica, 2010, 28(6): 893-907.

[71] HARTENBURG R S, DENAVIT J, FREUDENSTEIN F. Kinematic synthesis of linkages[M]. New York: McGraw-Hill, 1964: 1-80.

[72] PUALR. Robot manipulators: mathematics, programming, and control: the computer control of robot manipulators[M]. Cambridge: MIT Press, MA, 1981: 1-70.

[73] ROY S S, PRATIHAR D K. Dynamics and power consumption analyses for turning motion of a six-legged robot[J]. Journal of Intelligent and Robotic Systems: Theory and Applications, 2014, 74: 663-688.

[74] KARYDIS K, POULAKAKIS I, TANNER H G. Probabilistic validation of a stochastic kinematic model for an eight-legged robot[C]. Proceedings of the IEEE International Conference on Robotics and Automation. Karlsruhe, Germany: IEEE, 2013: 2562-2567.

[75] PENG P, ZHANG X J, ZHANG J, et al. Research on kinematic of the wheel-legged robot based on uneven road surface[J]. Advanced Materials Research, 2013, 712-715: 2312-2319.

[76] ROENNAU A, KERSCHER T, DILLMANN R. Design and kinematics of a biologically-inspired leg for a six-legged walking machine [C]. Proceedings of the International Conference on Biomedical Robotics and Biomechatronics. Tokyo, Japan: IEEE, 2010: 626-631.

[77] 黄真. 空间机构学[M]. 北京:机械工业出版社, 1991.

[78] BALL R S. The theory of screws[M]. London: Cambridge University Press, 1900.

[79] HUNT K H. Kinematic geometry of mechanisms[M]. London: Oxford University Press, 1978.

[80] AUTUMN K, SITTI M, LIANG Y A, et al. Evidence for van der waals adhesion of nanoscale fibrillar structures [J]. PANS, 2002, 99: 12252-12256.

[81] GEIM A K, DUBONOS S V, et al. Microfabricated adhesive mimicking gecko foot-fair[J]. Nature Materials, 2003, 2: 461-463.

[82] PERSSON B N J. On the mechanism of adhesion in biological systems [J]. American Institute of Physics, 2003: 7614-7621.

[83] SITTI M, FEARING R S. Synthetic gecko foot-hair micro/nano-structures for future wall-climbing robots [J]. IEEE International Conference on Robotics and Automation, 2003, 1: 1164-1170.

［84］ SHAH G J, SITTI M. Modeling and design of biomimetic adhesives inspired by gecko foot-hairs［J］. Robotics and Biomimetics，2004：873-878.

［85］ GAO H J, YAO H M. Shapeinsensititive optical adhension of nanoscale fibrillar Structures［J］. PANS, 2004：7851-7856.

［86］ GAO H J, WANG X, YAO H M，et al. Mechanics of hierarchical adhesion structures of geckos［J］. Mechanics of Materials，2005，37：275-285.

［87］ LU M, CHEN G M, HE Q S，et al. Development of a hydraulic driven bionic soft gecko toe［J］. Journal of Mechanisms and Robotics，2021，13（5）：1-18.

［88］徐淑芬. 仿壁虎脚掌微观结构及应用研究［D］. 青岛：山东科技大学，2009.

［89］赵琳琳. 仿壁虎脚掌刚毛阵列接触应力学分析及试验研究［D］. 南京：南京航空航天大学，2007.

［90］张凯迪. 生物及仿生复合结构的黏附力学行为研究［D］. 哈尔滨：哈尔滨工业大学，2017.

［91］ AUTUNN K, HSIEH S T, DUDEK D M，et al. Dynamics of geckos running vertically［J］. Journal of experimental biology，2006，209：260-272.

［92］闫晓军,张小勇. 形状记忆合金智能结构［M］. 北京：科学出版社，2015.

［93］ LIANG C, ROGERS C A. Design of shape memory alloy actuators［J］. Journal of Intelligent Material Systems and Structures，1997，8（4）：303-313.

［94］ ROMANO R，TANNURI E A. Modeling, control and experimental validation of a novel actuator based on shape memory alloys［J］. Mechatronics，2009，19（7）：1169-1177.

［95］ RAO A，SRINIVASA A R，Reddy J N. Design of shape memory alloy（SMA）actuators［M］. Berlin：Springer International Publishing,2015.

［96］张义辽. SMA 直线驱动器结构原理及实验研究［D］. 合肥：中国科学技术大学,2010.

［97］ LENG J, YAN X, ZHANG X，et al. Design of a novel flexible shape memory alloy actuator with multilayer tubular structure for easy integration into a confined space［J］. Smart Materials and Structures，2016，25（2）：025007.

［98］ YUAN H, FAUROUX J C, CHAPELLE F，et al. A review of rotary actuators based on shape memory alloys［J］. Journal of Intelligent Material

Systems and Structures，2017，28(14)：1863-1885.

[99] TANAKA K. A thermomechanical sketch of shape memory effect：one-dimensional tensile behavior[J]. Res. Mechanica，1986，18：251-263.

[100] LIANG C，ROGERS C A. One-dimensional thermomechanical constitutive relations for shape memory materials[J]. Journal of Intelligent Material Systems and Structures，1997，8(4)：285-302.

[101] BRINSON L C. Modeling and validation of a novel bending actuator for soft robotics applications [J]. Journal of Intelligent Material Systems and Structures，1993，4(2)：229-242.

[102] BHARGAW H N，AHMED M，SINHA P. Thermo-electricbehaviour of NiTi shape memory alloy[J]. Transactions of Nonferrous Metals Society of China，2013，23(8)：2329-2335.

[103] JANI J M. Design optimization of shape memory alloy linear actuator applications[D]. Hamilton：RMIT University，2016.

[104] SHE Y，CHEN J，SHI H，et al. Modeling and validation of a novel bending actuator for soft robotics applications[J]. Soft Robotics，2016，3(2)：71-81.

[105] WANG W，RODRIGUE H，KIM H I，et al. Soft composite hinge actuator and application to complaint robotic gripper[J]. Composites Part B：Engineering，2016，98：397-405.

[106] VIKAS V，TEMPLETON P，TRIMMER B. Design of a soft，shape-changing，crawling robot[J]. Computer ence，2015：1509.

[107] WEI WANG. Deployable soft composite structures with morphing and shape retention[D]. Seoul：Seoul National University，2016.

[108] TANAKA K，KOBAYASHI S，SATO Y. Thermomechanics of transformation pseudoelasticity and shape memory effect in alloy[J]. International Journal of Plasticity，1986，2(1)：59-72.

[109] TANAKA K. A phenomenological description on thermomechanical behavior of shape memory alloys [J]. Journal of Pressure Vesseltechnology(Transaction of the ASME)，1990，112(2)：158-163.

[110] GUO Z，PAN Y，WEE L B，et al. Design and control of a novel compli-antdefferential shape memory alloy actuator[J]. Smart Materials and Structures，2005，14(6)：1297.

[111] 修晨曦. 基于微结构连续体模型的颗粒材料力学行为分析[D].武汉：武汉大学,2018.

[112] 王国强，郝万军，王继新. 离散单元法及其在 EDEM 上的实践[M]. 西安：西北工业大学出版社，2010.

[113] 周先齐,徐卫亚,钮新强,等.离散单元法研究进展及应用综述[J].岩土力

学,2007,28(S1):408-416.

[114] 张凯迪. 基于离散元方法的空间爬行机器人微结构修饰黏附足研究[D]. 哈尔滨:哈尔滨工业大学,2017.

[115] CUNDALL P A, STRACK O L. Adiserete numerieal model for granular assembles[J]. Geoteehnique, 1979,29(1):47-65.

[116] 关庆华,赵鑫,温泽峰,等. 基于 Hertz 接触理论的法向接触刚度计算方法[J]. 西南交通大学学报,2021,56(4):883-890.

[117] SKRINJAR L, SLAVIC J, BOLTEZAR M. A review of continuous contact-force models in multibody dynamics[J]. International Journal of Mechanical Sciences,2018,145:171-187.

[118] 关庆华,赵鑫,温泽峰,等. 基于 Hertz 接触理论的法向接触刚度计算方法[J]. 西南交通大学学报,2021,56(4):883-890.

[119] SKRINJAR L, SLAVIC J, BOLTEZAR M. A review of continuous contact-force models in multibody dynamics[J]. International Journal of Mechanical Sciences,2018,145:171-187.

[120] 罗剑,王杰娟,于小红,等. 仿壁虎刚毛阵列对卫星表面吸附能力模型与计算[J]. 空间控制技术与应用,2021,47(3):73-78.

[121] 成雨,原园,甘立. 尺度相关的分形粗糙表面弹塑性接触力学模型[J]. 西北工业大学学报,2016,34(3):485-492.

[122] 邓超锋,魏武,侯荣波,等. 六足爬壁机器人的运动学建模与仿真[J]. 机械设计与制造,2018(12):245-248,253.

[123] WANG Z L, PANG Z X, ZHANG B C, et al. Modeling and simulation of the humanoid massage robot arm based on SolidWorks and ADMAS [J]. Applied Mechanics and Materials,2011,(101-102):635-639.

[124] 李阿为,郗梦璐,李玲,等. 一种复合驱动指关节设计与仿真[J]. 重庆理工大学学报(自然科学),2019,33(8):95-98.

[125] 刘春山. SMA 人工肌肉软体机器人的变形控制与运动机理研究[D]. 合肥:中国科学技术大学,2018.

[126] 刘晓峰. 空间机器人多体动力学及捕获问题研究[D]. 上海:上海交通大学,2016.

[127] 罗剑,王杰娟,于小红,等. 仿壁虎刚毛阵列对卫星表面吸附能力模型与计算[J]. 空间控制技术与应用,2021,47(3):73-78.

[128] 石叶. 基于干黏附技术的仿壁虎机器人负表面黏附运动研究[D]. 南京:南京航空航天大学,2019.

[129] 华登科,何章章,杜田华,等. 昆虫足的附着机制[J]. 昆虫学报,2019,62(2):263-274.

[130] 吉爱红,葛承滨,王寰,等. 壁虎在不同粗糙度的竖直表面的黏附[J]. 科学通报,2016,61(23):2578-2586.

名词索引